ILLUSTRATED SCIENCE & TECHNOLOGY

Smart Grid智慧電網

郭策 編著

書泉出版社 印行

序

智慧電網（Smart Grid）這個名詞，從2008年金融海嘯後就一直非常的「夯」，每當經濟不景氣或是選舉牛肉大放送的時候，大家總會談論到這個字眼，到底什麼是Smart Grid呢？多了個「Smart」真的變的比較聰明了嗎？它跟我們的日常生活又有什麼關係呢？

金融海嘯後，美國總統歐巴馬在振興經濟演說中提到，將會把美國的國家電網（National Grid）進行大改造，不但可以創造無數就業機會，提升能源轉換效率，擴大美國內需與外銷市場，讓更多的廠商能從中獲利以及達到節能減碳的終極目的等等。除了美國之外，中國亦將智慧電網列入「十二五」計畫，俄羅斯亦極力開發遠東（Far East）地區並將電力外銷中國，日本、韓國和台灣紛紛投入節能科技以及電動汽車的研究。德國、法國等亦將智慧電網列為國家發展重點項目，世界各國無不信誓旦旦要在數年內投資並建設完成，以刺激經濟並減緩全球暖化的問題，智慧電網儼然已成為經濟發展的一項重要指標。

但以民眾的角度來看，Smart Phone、Smart Card等名詞對一般人來說是相當的熟悉，但Smart Grid這名詞似乎相當的遙遠，在政治人物大肆宣揚以及專家學者的極力鼓吹之下，智慧電網一夕間變成了當紅炸子雞。但一般民眾卻摸不著頭緒，不知這名詞跟自己的生活有何關聯。工業界廠商不停的觀望，亦不知該從何下手才能分食這塊大餅，智慧電網教育勢在必行。

智慧電網其實跟我們生活密不可分，但在台灣，民眾對用電的知識明顯不足。關於電力系統發、輸、配、用的過程，必須深植於我們的教育之中，才是長久之道。當大家都能有意識的主動關心自己的用電情況與環境的連結，人們對電力的需求及依賴便可以獲得控制，進而「有感的」及「自發的」節約用電，並且愛護我們的生活環境，而不再只是流於口號而已。

目錄　　CONTENTS

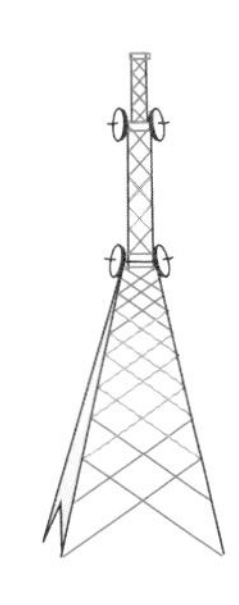

第一章
電網與智慧電網

畫 說 智 慧 電 網

1 電的歷史

十七世紀，人類對於電的認識是在一些衣物或布料磨擦一些物體時，發現其能吸引羽毛之類的小東西，對於電的特性及功能尚且一無所知。然而，大自然的神秘與奧妙卻不能阻擋人類的好奇心及冒險犯難的精神，人類的科技發展也因此一日千里。

曾經聽到一則笑話：「一群修女和一群教士打高爾夫球，有個教士的球技似乎不大好，他的球總老是打偏。一打偏他就嘀咕：「＊@！？，又打歪了。」一位修女在旁邊覺得相當不滿，心想，你是一個教士，怎麼能口出穢言呢。於是她就跪在地上祈禱：「上帝啊，懲罰這個有罪的人吧！」片刻之後，只見雷鳴電閃，轟隆一個大雷，當即把那修女劈倒在地。大家都楞住了。正不知所措之際，聽到天上傳來一個沉悶的聲音：「＊@！？，又打歪了！」。連上帝都會打歪，那愛放風箏的班傑明・富蘭克林（Benjamin Franklin）的運氣可真是相當的不錯喔。其不但發現了電（Electricity）這種東西，更發明了避雷針這項偉大的發明。

此後，許多的科學家紛紛投入研究電的領域。愛迪生（Thomas Alva Edison）不知在煮了多少隻手錶之後發明了電燈，世界因此大放光明。麥可・法拉第（Michael Faraday）的電磁感應定律定義之後更讓「電」從此源源不絕的供應至人類的生活之中。隨著時間的演進，科學的發展日新月異，「電」成為一種相當乾淨且便利的能源，讓人類的生活有了重大改變。這不但是電的歷史，更是近代人類文明的發展史。本書將帶領各位讀者一同來認識「智慧電網」，並以淺顯平易的方式來讓大家了解智慧電網所帶來的好處、相關應用、智慧電網的實踐與其背後所帶來的龐大經濟利益及潛在的風險等，希望有更多的朋友來共襄盛舉，激盪出更多新的想法與未來智慧電網發展的觀點。

- 避雷針是能牽制閃電將其電擊移到地面的金屬導線。
- 避雷針能在一定的面積範圍內保護地面建築物或電力設備，使受電擊物不會受雷電破壞。

電的發現

2 用電安全

談到用電安全，很多人直接會聯想到被電到的經驗，或者是新聞報導「雨天雷霆閃電，躲雨時請別在大樹下」等等。我們無法擁有富蘭克林的好運氣，也不需要去作些驚險刺激的物理實驗，但我們要使用它，就得瞭解它，並在安全的狀況下使用。

一般來說，安全電壓為36V以下，安全電流為10Ma。但台灣家家戶戶使用的為110V的電壓，好像一點都不安全。觸電是否會導致嚴重後果，其實與電壓沒有直接關係，而需視通過人體的電流、身體部位和感電時間而定。只要人體潮溼、電阻降低時，數十伏特之交流電仍足以致死。感電時間愈久，致死機會愈大，所以人員感電時應立即以絕緣物體將電源與人體分離，才是最為重要的動作。在電影侏羅紀公園裡用來圈養恐龍的帶電柵欄也才一萬伏特（10KV），而一般路邊看到台電安裝的綠色變電箱FTU（Feeder Terminal Unit）即達6.9～22KV，「高壓勿近」的標語絕非玩笑，我們沒有恐龍厚重的皮夾克，還是別碰為妙。

另外，常聽見電線走火的新聞，一些木造的歷史古蹟也常在電線走火的意外之中離我們而去。其原因為當發生屋內用電量超過屋內電線負荷時，通過電線的電流量變大，於是電線開始發熱，時間久了電線就愈來愈燙，當溫度高到一定燃點，便會把電線的橡膠外皮引燃，間接引燃其他房屋建材，形成火災。一般家中使用的電器如微波爐烤箱、電阻式發熱電器等負載高發熱大的電器使用起來要特別小心注意。台北士林官邸就曾遇上電線走火的情況而將其正房燒毀。電線走火對歷史古績的保存及居家安全都是一大威脅，使用電器設備只要多留意電器的安全規格及養成良好習慣，電會是我們日常生活上最好的伙伴！

- 世界各地電力公司提供家庭用電壓不同。
- 我國和北美地區使用110V電壓。
- 歐洲地區和中國大陸使用220V，日本則用100V。

用電的安全

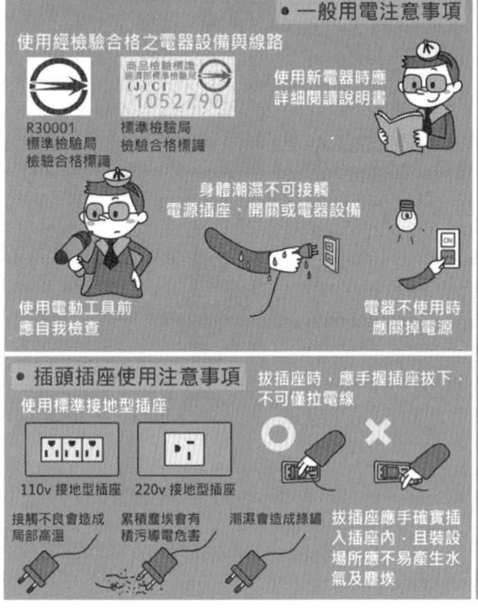

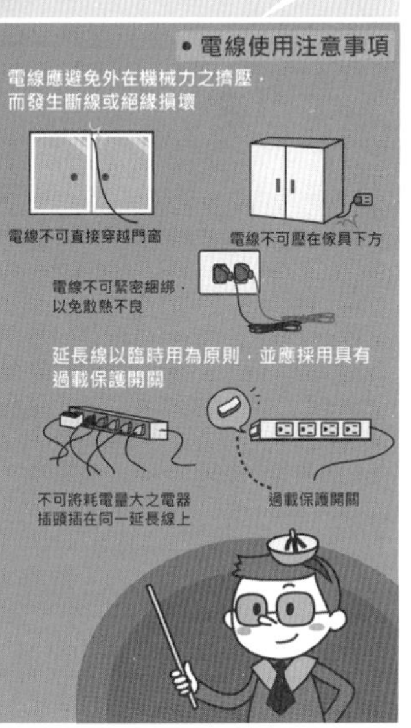

Q：當高壓電線斷落，恰好掉在汽車外殼上，此時車子裡的人是否會受到電擊？

A：不會，金屬屏蔽效應。

3 談一輩子的戀愛

每到逢年過節，公司舉辦尾牙，電器用品總是摸彩獎項的寵兒。送禮大方，自用亦可，所以家中的電器數量也與日俱增。漸漸的，我們離不開這種便利的能源，舉凡照明、交通、工業、等食衣住行育樂樣樣離不開它，甚至連刷牙、擦屁股都得用上電才行，人類對電的依賴程度就像呼吸空氣一般，人類應該不只是喜歡上它，而是徹徹底底的愛上了它，跟它談起了一輩子的戀愛。沒了它，就好似失戀一般，怎樣都不對勁，沒了「動力」，很多事就變的相當困難，光拿螺絲起子DIY鎖一個組合櫃可能就得花上大半天的工夫呢！

當與祖父母促膝長談時，他們總會回憶起小時候的生活，日出而作日落而息，小孩子都要幫忙餵雞養豬、燒飯做菜。到了夜晚，點了盞油燈花或是紙燈籠也就足夠了。電力建設在當時是洋人的玩意，有或沒有其實沒那麼重要。然而，由農業時代進入了工商業時代，人們在不同時空背景之中被潛移默化。人是一種習慣的動物，隨著時代改變，西方的資訊技術大量輸入，慢慢的，人們也接受了有電的生活。提燈籠上街，變成元宵節才有的事，而燈籠裡還是3伏特的小燈泡。

50年代的街坊存在著濃濃的人情味氣息，但有了些許的改變。油燈換成了泛著黃光的鎢絲燈泡，電風扇也成了家家戶戶夏日的良伴，老唱機播放著悠揚的古典樂章跟愛國歌曲。翌日，街上的大戶人家買了新的電視機，街頭巷尾只要時間到了就會擠到這戶家裡，一同歡笑、一同拭淚，可愛的大同寶寶也伴隨著許多人的年輕歲月。與其說「電」是一個冷冰冰的科技或是一種便利的能源，倒不如說，是娶了一位全能的老婆在家裡，又會幫你燒飯洗衣，又會陪您一同歡笑淚水，客倌您說是不是呢？

- 英國工程師約翰・貝爾德於1926年發明黑白電視機。
- 電視機的尺寸大小，是以螢幕或映像管的對角線長度來決定。
- 現代的電視機則多為LED、TFT、FT-LCD或電漿電視。

有電萬事足

電器關閉時，若仍插著插頭，電力依然會消耗，故平時電器不用時，要將插頭拔下，才能環保又節電。

4 考生的前三志願：電機、電子、資工資訊

電，跟我們談一輩子的戀愛，是這樣的難捨難分，這樣的情節在我們從小到大的志願裡就已經說明了這樣一個事實，舉凡跟電子電機有關的科系，不知從何年何月開始，已成了考生的前幾大志願，在台灣的產業裡，科技業所帶來大量的工作機會以及分紅配股等，都讓年輕人嚮往不已。這些科系因電而貴、因電而希望無窮，這也是台灣電子業的力量來源。

提到電子產品，充斥在家家戶戶或是你我身邊，如：手機、電腦、電冰箱、電暖爐、電子寵物等。電器的發明必需加上節能科技的思考及突破，才可以既生活便利，亦能兼顧地球的健康。一台冷氣機每小時要耗掉2度的電，一天開八小時的冷氣，每月就要多出好幾百塊的電費，其他的電器也不惶多讓，像冰箱、烤箱、電暖器，照明等，都會使用大量的電力。在一些節電技術的加持之下，如自動啓動或關機、變頻技術、感應啓動照明、LED燈泡等都是相當重要的發明，長期下來可以為使用者節省不少的電費支出，創新與積極投入可以讓省電節能變的簡單。

在網路化的普及之下，手機、PDA等手持式裝置可以即時接收家庭用電資訊或政府單位公佈的最新訊息，但這些便利的工具要在電網系統智能化建置之後才得以實行。透過網路的佈建加上智慧電表或是資料收集器的設置，方能將用電資訊加以蒐集並分析。透過一些加值軟體（Application）以及資料庫（Database）的建立，可以將客戶的用電習慣加以記錄，之後便可以用來改變使用者的用電習慣，甚至遠距啓閉一些電器，時時讓用戶留意自己的荷包，避免無謂的浪費而不自知。電子、電機、電腦網路正好是建構智慧電網的必要因素。台灣的人才正好卡位在科技整合的關鍵角色，在台灣，這前三志願就是智慧電網產業發光發熱的重要關鍵。

- 度，為能量量度單位，記為千瓦·時或用千瓦小時（符號：kW·h）表示。
- 功率單位的意義為、1小時內所消費的能量是多少千瓦。

科技業的蓬勃發展吸引著年輕人的投入

透過智慧電網聰明用電

哇～這麼厲害～你是從小就勵志要當醫生嗎？

沒阿～等以後你們爆肝，我就有生意可做啦～^^

台灣有著許多的世界第一，在電子產業尤其蓬勃發展，像是主機板、監視器、晶圓代工、掃描器、數據機、繪圖卡、網路卡、光碟片等均是電子產業中的佼佼者。

5 人們的衣食父母

隨著工業時代的演進，平均所得不斷的提升，家家戶戶都買的起電視機、冷氣機等，對電力需求與日俱增，電力系統的建置變的越來越重要且越來越龐大。試想今天一個沒有電的世界會是如何？家裡漆黑一片，而蠟燭是拜拜時才會出現的東西所以平常沒準備；洗澡沒熱水因為家裡買的是最新型的電能熱水器；上班沒捷運可坐，辦公室漆黑一片；收銀機收不了錢使店家無法做生意，就算從倉庫裡翻出舊算盤，但還有幾個人會用呢？銀行電腦系統停擺、ATM提款吐不出鈔票；電鍋、電磁爐、洗碗機、微波爐沒了電，燒柴煮飯似乎是只有在童軍大露營時才會做的事；工廠機器停擺老闆搔頭苦惱沒電生產產品，工資卻還得照樣發；五月天開演唱會，歌手賣力的嘶吼，麥克風、喇叭忽然間無聲無息，再「High」也「High」不起來了。生活種種都跟「電」脫不了關係，有之不為萬能，無之，樣樣不能；沒了電，霎時間大家都成了生活白癡。當然，誰也不想退回原始人的生活，在大熱天自己搖扇子。人們用電成癮的情況，已然成了無法改變的事實。

2011年日本的311大地震及海嘯，造成東京都大缺電。東京人的生活瞬間起了極大的變化，許多人騎一小時的腳踏車上班，一些人開始回味起公共澡堂；一些人在燭光下共進浪漫的晚餐，一些人頭一次在水泥叢林裡看到了星星；一些人終於有空閒陪伴老婆小孩，一群無名英雄們依然沒日沒夜的搶修設施。有些人漫罵政府的無能，有些人開始注重節能環保愛地球；有些人開始發現人性的真面目，有些人開始求神拜佛。這一切的一切在在說明著電與人們的食衣住行育樂樣樣分不開。而一般的上班族與電之間，有時卻像談了很久的戀愛一樣，偶而有些厭倦，會希望暫時離開這個五光十色的世界，離開電腦螢幕，到外頭看看藍天白雲，伴隨著一杯咖啡享受片刻的寧靜。

- 颱風、火災、地震等天災常造成電力設施損壞而停電。
- 基礎建設設備不佳時，易造成電力供不應求的狀況。
- 落後或開發中國家亦經常出現停電狀況。

離開了有電的生活有時會有意想不到的收穫

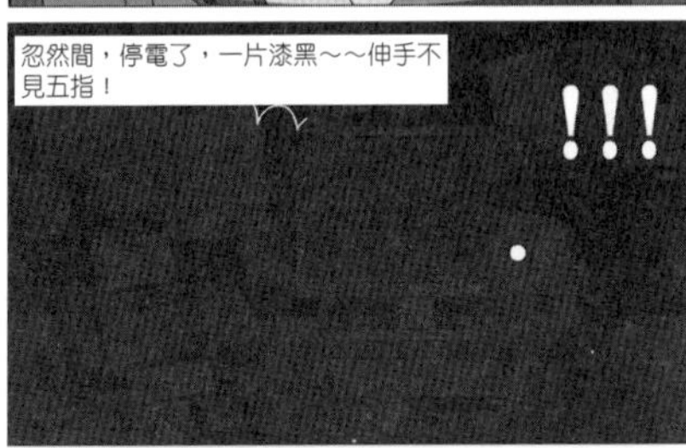

311地震後，日本實施分區限電計畫

6 能源從哪來？

遠古時代的動植物在地球上存在了億萬年。隨著時間的轉移，以及與地球的交互作用，將它們通通變成了煤、石油和天然氣等石化燃料。電，是一種便利的能源，但電的來源需仰賴這些石化原料。這些燃料並非無窮無盡，終究會有消耗完的一天。人類勢必要尋找下個世代的新能源，來供應與日俱增的需求。但這些能源該從那裡來呢？

每當聽到國際原油價格高漲時，大家心中不免有個問號，學者專家不是說地球的石油還能用個數十年不是問題，但為何價格會高高低低的呢？答案很簡單，其實就是人類的一個預期心理，當未來的新能源尚未普及或成熟之前，擔心害怕能源短缺是必然的，尤其是各國政府及軍方單位，為了國家安全或戰略目的，而大量的儲備原油，舉美國為例，其戰備儲油約可供應全國使用一到兩年，反觀資源不足且不產油的台灣，儲備原油只夠撐三個月。自然，油價的起伏會較其他國家來的更為緊張。比較起週邊的先進國家，如日本韓國。台灣的用油其實並不算貴，但比起產油國那可真是天壤之別。在台灣，一部大型房車加滿一缸汽油，約需台幣1700元。在印尼，約只需要900元，在沙烏地阿拉伯，大概只要台幣700元。看似不盡公平，但身在福爾摩沙這樣的寶島，好山好水物產豐饒，比起沙烏地的遍地荒漠，我們已經相當幸福了。

在二十一世紀的今天，我們依然離不開方便的石化能源，惟有加緊腳步開發替代能源才是首要任務，取之不盡用之不竭的能源：有太陽能、風力、水力（含潮汐等）、地熱等。如何加以開發利用且提升其轉換率，是其能否取代石化能源的關鍵，人類的經濟活動必需要有充足的能源才能夠進行。能源從哪來？要從人類的智慧累積而來！

- 現代能源一般分為可再生能源與不可再生能源。
- 可再生能源如風力、水力、太陽能等。
- 不可再生能源如石油、天然氣等。

油價上漲怎麼辦？

- 能源
  - 再生能源：太陽能、風力能、水力能、海洋能、生質能、地熱能
  - 不可再生能源：石油氣、煤炭、天然氣、核能

現代能源種類

7 熄燈一小時

「地球一小時」，一個始於澳洲悉尼（Sydney）的關燈活動，已經成為世界上表達關注氣候變化的最大型公衆參與運動。隨著每年的舉辦及規模的擴大，希望能召集全球十億人、超過1000個城市加入「地球一小時」，證明人們能解決氣候變化的問題，確保地球永續發展的未來。

「熄燈一小時」只是一個行銷活動，用來拋磚引玉，吸引全球人們對節電的重視及目光。但，一個小時真的夠嗎？我想答案顯而易見。人們安於貪婪且舒適的生活，老百姓以及工廠老闆早已被寵壞了很久很久。一時三刻無電的情況已然不被普羅大衆所接受，這代表著老百姓對電的需求度與依賴度提高。「習慣的改變」是現今人們在節電措施上所遇到最大的難題。

一個白領上班族每天上班第一件事，是打開電燈、打開電腦、再打開事務機傳真機等，再用自動咖啡機泡一杯香濃的咖啡。若一早進公司便是靜悄悄黑壓壓的一片，大概會以為自己記錯了上班日或是進錯了公司。在東歐的捷克共和國的黑光劇，可以在黑暗中穿著螢光衣耍著螢光棒，氣氛頓時詭異了起來。接著動感快節奏的音樂一下，這群螢火蟲就在相當「節能環保」的狀態下表演了起來，煞是好看！人們對改變的接受度其實還是很高的。

習慣可以被養成，人的可塑性亦高，只要習慣後，一切都會變的相當自然。不點燈的夜晚，不喝咖啡的一天，不開車上班，不搭電梯改爬樓梯，不吹冷氣改吹風扇……只要身體力行，減低對用電的依賴，改變用電的習慣。不需要一堆人搞一個大活動來提醒我們，熄燈也不該只有一小時。節能減碳也可以很簡單的。

- 地球一小時（Earth Hour）是一個全球性節能活動。
- 提倡於每年三月的最後一個星期六當地時間晚上20：30，家庭及商界用戶關上不必要的電燈及耗電產品一小時。

省電好習慣，共創好生活

省電就是
這麼簡單

2012年「地球一小時」活動設計Logo

8 電價漲與不漲？

電力系統是如此的龐大，運作這樣龐大的系統亦需要不間斷的投資及維護才能讓電力的供給穩定且符合使用者的期待。此外，隨著時代的變遷，新技術的引進。電力公司本身還需要不斷的更新設備讓用電品質及穩定度提升。但若說到要漲電價來做設備更新或汰換，民眾卻拒絕接受。雖說羊毛出在羊身上，但誰也不想當那頭被宰的羔羊。再加上公營單位老是被抓出肥貓或是弊案，讓老百姓對其信心大減。攘外必先安內，是電力公司必須自省及面對的課題。這樣的矛盾一直存在於供給端與使用端。但若一直卡在這些政治議題之下，那這老舊的電網系統該如何做升級呢？真讓學者專家們感到憂心忡忡。

有人說了，本市鎮發展快速，電力供給吃緊，要優先完成電網升級以供應日漸增加的人口及住房，又有人說，本科技園區是工業重鎮，占國家GDP 5%，應當優先處理等等。但真正變電站興建完成後。一大票老百姓又來舉白布條抗議啦，說電磁波對人體有害啦，怕對小孩造成影響，房價會下跌、有公共安全疑慮等等……，人人家中都需要電，但卻沒有人希望發電廠或變電所就在自家隔壁。供應民生的重要設施有時也被老百姓們當成「嫌惡設施」來看待，其實這是不對的，政府或電力公司不該只是消極的面對這些口水戰。相反的，對民眾們做好電力的教育，讓大家了解到電的重要性以及電力系統的組成及相關的知識才是重點。在物價齊揚、民生疾苦的年代，電價老是被浮上檯面討論，但說到實際上到底貴或不貴，跟誰做比較，誰也說不準。

- 台灣電力公司，是中華民國的國營電力公司。
- 至2010年為止，台電共有11座水力發電廠、11座火力發電廠、3座核能發電廠。
- 台電發電裝置總容量約為4,000萬瓩。

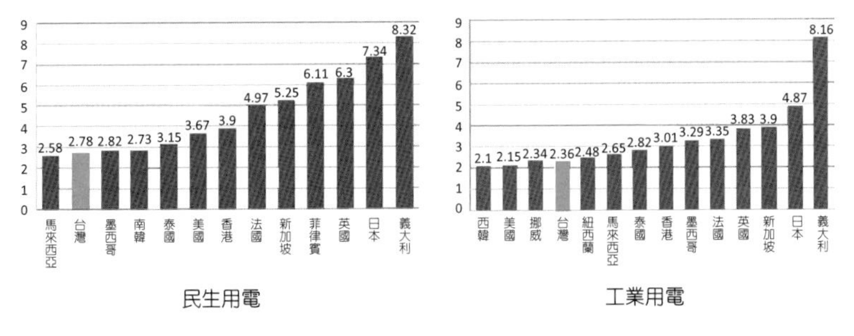

2010年各國電價一覽圖

資料來源：台灣電力公司。

9 除了草皮與柏油路之外，就它管最大

電力網路，俗稱「電網」（Power Grid），一個貫穿大街小巷直達天涯海角的大型系統，除了怎樣也鋪不平的柏油路以及覆蓋全台灣的森林或草皮之外，其是建置最為廣闊且最為複雜的系統了。一般來說依其規模及所涵蓋的區域分為國家電網（National Grid）、私有電網（Private Grid），甚至有些國家已經開始討論到個人電網（Personal Grid）。太陽能板裝在船上、車上、飛機上不稀奇。把太陽能板穿在身上，自己發電自己用，似乎也是一種不錯的選擇。

只要有人類活動的地方就有電網的存在，電網的複雜程度高，技術水平也高，其背後仰賴著一個偉大的團隊默默的在照顧著它、呵護著它，無論刮颱風下大雨大地震，電力系統遭受到任何損害，都必須在最短的時間內恢復運作以減少使用者各方面的損失，其不間斷的運轉維繫著人們的生計。就像一間非法營業場所，要讓它關門大吉的做法很簡單，那就是斷水斷「電」，沒了水只是沒得洗澡沖馬桶，沒了電就真的是沒戲可唱了。

電網的建置從十八世紀至今，不斷的增建不斷的擴大。百年工業附帶的是新的、舊的、美國貨、日本貨、本土貨等設備，已然在各國國內自成一個聯合國，這個龐大的系統隨著時間的推演變的越來越龐大複雜且更加難以維護。整合性與相容性的問題實為最難處理的課題。當隔壁家有電而我家沒電時，總讓人感到不是滋味；別人工廠持續不間斷在生產；我的工廠卻無法上工。電網的課題不斷上演，而直至2012年的今日卻依然找不到一個根本有效的解決方法。在2008年，許多廠商及政府開始提到了「智慧電網」（Smart Grid）的想法，長了智慧的電網？那是什麼呢？有了智慧電網之後，能解決什麼樣的問題呢？

- 發電廠通常處於偏遠地區。
- 發電廠需要各種大大小小的變電站及輸電線將電從電廠送到家家戶戶之中。

電網的涵蓋區域廣闊且複雜度高

智慧的電網是未來新的概念

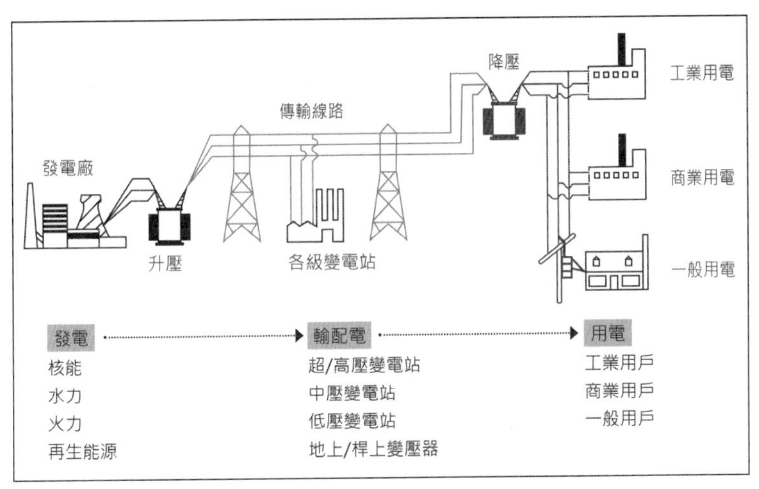

10 何謂智慧電網？

目前電力系統多為數十年前的建設，所面臨的難題要透過智慧電網（Smart Grid）來解決。它的定義如下：應用最新的IT（Information Technology）及IA（Industrial Automation）技術於現有的電力系統（Power Grid）中。用以解決目前既有電網系統老舊、無法遠端控管、不易升級及維護、能源消耗浪費、環境議題及全球暖化等問題。

電力系統可區分為發電（Generation）、輸配電（Transmission & Distribution）與終端用戶（End User）三大部份。輸配電線路是電力系統之高速公路，將電力透過龐大基礎建設（Infrastructure）如電線桿、變壓器、纜線、開關、設備與監控軟體等，由發電廠送至終端用戶。智慧電網技術就是將傳統的類比訊號（Analog）轉換為數位訊號（Digital）再應用於電力之輸配電系統中，也就是利用資通訊的整合與電力電子與先進材料等技術進行電力基礎建設的現代化與優化，進而達到減低能耗、提高效率、環保愛地球的目標。

智慧電網能夠「聰明」的關鍵，在於它具有「雙向通訊」的能力：電力公司不只是單向將電賣給用戶，用戶端的用電資訊也能透過通訊網路，即時傳回電力公司，客戶的用電習慣可以被紀錄並分析且可畫出一個使用習慣曲線。電力公司利用遠端監控系統，了解各地區的用電狀況，並進行合宜的電量調配，以減少發電量及能源浪費。用戶端也能隨時掌握自己的用電情形，並進一步調節使用時間及電量，達到省電、省錢的效果。這是智慧電網希望達成的終極目標。此外，透過智慧電網還支援許多不同的應用，讓電力系統的設備管理，危機處理及風險控管評估更加清楚且精準，接下來的章節中將會做更詳細的介紹。

- 雙向的通訊意指資料不僅提供下載同時也上傳。
- 用戶端的用電資訊可透過智慧電網分析用電習慣，經調整可達省電目標。
- 電力公司亦利用智慧電網了解各地區用電狀況。

智慧電網能避免能源浪費，並清楚用了多少電

智慧電網架構

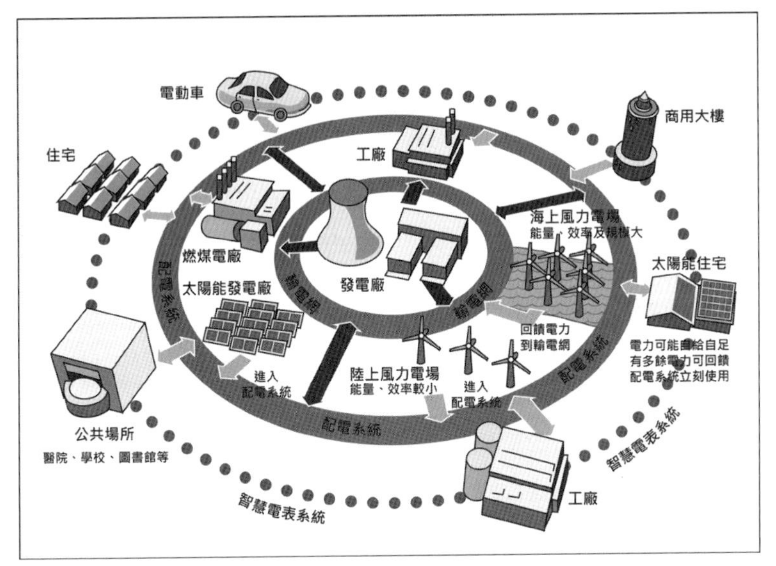

雙向通訊使用戶和電力公司能互相交換資訊

11 智慧電網的組成

加上了「智慧」兩個字之後，不代表各種的問題都能夠立即獲得解決。事實上並非那樣的容易。科技始終來自於人性，當人類對一些既有的事務使用習慣了，要改變需要一段時間。每日看電視的時間減少，隨手關電器關燈，將不用的插頭拔掉等。要建立良好的習慣並不容易。智慧電網是一個連續不斷，且必須在五到七年內積極奮鬥達成的目標，因為地球暖化問題五到七年內若不解決，地球將可能升溫2～5°C。海水上升、物種滅絕、糧食短缺等問題將接踵而至。智慧電網不應只是一個口號也不止是政府的政策牛肉，它是一個人人必須重視且人人必須了解並親力親為配合的一項關鍵議題。

傳統電網屬集中式（Centralize）發電，單方向（One Direction）電力潮流，並以歷史經驗來運轉。未來的電網在配電網先進行區域內（Region）的電力交換，若有剩餘或不足電力則在區域間（Inter-Region）進行交換，再加上分散式發電系統如風力以及太陽能的導入。電力潮流的方向不再是固定，由特高壓流向高、低壓，變成是雙向的流動。因此智慧型電網的分散式控制流程是由下而上的調度和控制，從使用者端取得用電需求（Demand）再回饋並供應之（Demand Response）。

有別於傳統電力網的集中式控制流程。智慧型電網為整合發電、輸電、配電及用戶的先進電網系統，其兼具自動化（IA）及資訊化（IT）的優勢，具備自我檢視（Self-Check）、診斷（Diagnosis）及修復（Recover）等功能，提供具高可靠度、高品質、高效率及潔淨之電力。另一方面，導入大量再生能源如風力、太陽能等進行併網發電、結合智慧型電表（Smart Meter）進行需求面管理，減少二氧化碳（CO_2）排放、抑制尖峰負載（Pick Load）及節約能源。

- 電力網路之需求反饋反應供電狀況，而對電力用戶的用電需求進行管控的機制。
- 當電力市場價格高漲或電力系統緊急時，電力公司提供優惠電費或獎勵，降低電力需求。

智慧電網

兼具自動化及資訊化，導入再生能源的分散式發電

傳統電網

採集中式的單方向發電

12 智慧電網的關鍵技術

從智慧電網系統的上游到下游，有著許多不同的系統以及應用，環環相扣，彼此合作緊密。而建置智慧型電網的關鍵技術如下：

1.跨網路的整合通訊技術：現代的網路技術就像是電網一般遍布全台的各個角落，雖然覆蓋率尚且不及日韓，但已堪稱便利。跨網路的整合通訊技術是指通訊可以透過不同的通訊媒介（Media）以及不同的通訊協議（Protocol）來達成。當電網系統完成自動化控制之後，必需透過完善的通訊網路將資訊整合並傳送。透過網路的建置，亦可達到遠距監控的目的。

2.先進的控制方式：在複雜的電力系統中，透過自動控制的方式將各系統的運作無縫整合且在一個恆定的狀況下運作，是一件相當重要的事，其可以大幅降低人員操作系統上的負擔亦可降低營運成本，在新一代的電網系統中扮演著相當重要的角色。

3.感測、讀表及量測：在智慧電網的各個系統中，自動化以及網路化是讓電網變的聰明的關鍵，但在系統上數以萬計的終端設備亦功不可沒。透過不同的感測器、計量表，讓類比的資訊可以轉換為數位的訊號再加以傳送到上層控制器或通訊網路。

4.先進的電力設備及電網元件：除了自動化以及網路設備之外，在電力系統中有著許許多多的電氣設備，如鍋爐（Boiler）、蒸汽／瓦斯輪機（Steam/Gas Turbine）、變壓器（Transformer）、開關櫃（switching Gear）等。隨著時間的演進也必需加以提升。提高其效率以及降低損耗。

5.決策支援及人機介面：在硬體方面提升之外，也需要將軟體的部份做提升，便利管理者進行系統監控以及決策判斷，這些都是新一代智慧電網的關鍵技術。

- 傳送協議是指計算機通信或網絡設備的共同語言。
- 傳送協議讓設備可以透過相同的語言來溝通通信。
- 常見技術有TCP/IP、串列通訊和W-Fi等。

電力系統流程

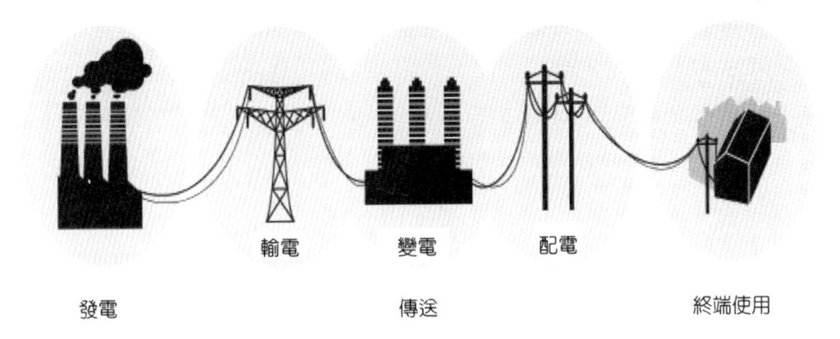

傳統電網監控方式與未來電網比較

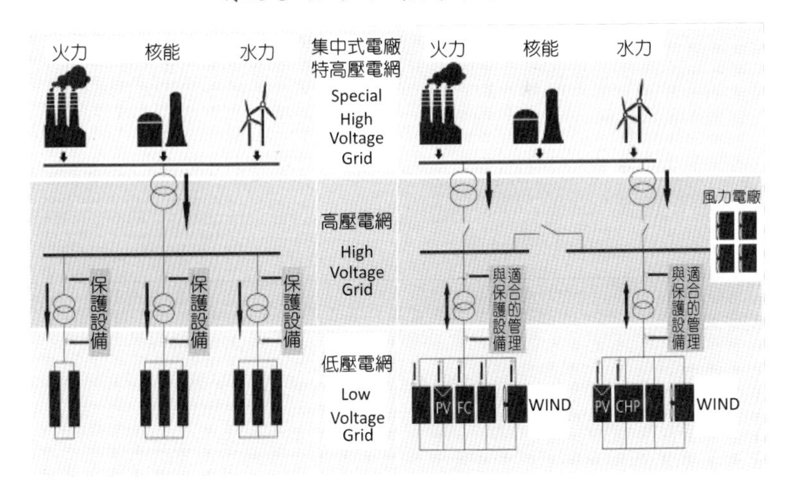

資料來源：台灣智慧電網產業協會網站（http：//www.smart-grid.org.tw/）。

13 穿著西裝的黑手

智慧電網不僅需要仰仗最新的IT以及IA技術，更要配合機械裝置性能的提升來達成。其中，IA（Industrial Automation）常常是被忽略的一塊。新聞上常提到的雲端技術（Cloud Computing）其實只解決了一部份的問題，真正的關鍵還是在工業自動化（Automation）程度的提升以及電網設備（Grid Equipment）的更新。

工業自動化是一門相當高深的學問，不僅要了解產業的知識及各種機械原理，並且得加上網路通訊及人機界面才能辦到。其可謂科技整合之集大成。這樣的一個行業，饒富樂趣，但也必須走出舒服的辦公室，在烈日下使勁的轉動著扳手，在有限的時間及經費之下運籌帷幄完成使命。自動化程度的提升可以減少人力成本支出，增加安全性及即時性，遠端操作及控制等等。智慧電網，有了自動化的加持變的聰明且便利，而網路科技的加入讓智慧電網如虎添翼，過往所做不到的事現在都變成了可能。

以前人當黑手指的是修車修機械等，現在的黑手不但十項全能、了解科技整合，還得配合時事及潮流，科技黑手的產值讓大家刮目相看，甚至可以看成是國力的延伸。世界各國無不注重此類的重工業級及自動化產業，如歐洲的西門子（SIEMENS）、亞斯通（ALSTOM）；美國的奇異（GE）、愛默生（Emerson）；日本的三菱（MITSUBISHI）、日立（HITACHI）等。台灣過往較集中於IT電子產業，而忽視了重工及自動化的軟硬體整合實力，相較於世界各國，台灣在這部份的教育及投資明顯不足。為了人類的生生不息，為了一個乾淨的地球，你願意當科技黑手嗎？年輕人，離開舒適的辦公室吧！

- 工業自動化是先透過感測器截取設備資訊，再傳送到上層控制器以及圖形化人機介面來達到管理的目的。
- 良好的自動化系統可以大大提升效率並減少人力。

工業自動化為科技整合之集大成

14 變電站內的高速公路——高效能通訊網路

電力系統最大的挑戰就在於發電廠所在地跟用電的客戶端距離相當的遙遠，也因此大大小小的變電站就是一個必要的環節。要與這些變電站或是發電廠進行溝通，網路系統就是一個必要的建設。從發電廠的升壓變電站到接近用戶端的低壓變電站，都有著網路系統配合著電網運作。網路技術的提升也讓智慧電網變的可能。

在變電站使用到的網路技術最常見的就是串列通訊（Serial）以及工業乙太網路（Industrial Ethernet）。RS232/422/485串列通訊較為常見，通常用在保護電譯（Protection Relay）的通訊或是感測器資料的收集（Data Acquisition），其有著使用便利，穩定及便宜的優點。IEEE 802.3乙太網路（Ethernet）為一種相當經濟實用的通訊方式，於一般家用市場或是商用市場使用相當的普遍，低成本高頻寬，高整合性為其最大的優勢。工業乙太網路是將乙太網路設備的軟硬體功能加以提升，使其更適於工業應用如電力系統。工業乙太網路受限於100公尺的通訊連線距離使其不易於區域廣闊的應用中使用，所以在新世代的通訊技術上，多應用光纖乙太網路通訊來進行資料傳輸，將其電子訊號轉變為光的訊號，利用光的直線傳輸的優點，可以將資料傳送到相當長的距離。一般來說分為兩種Multi-Mode（多模光纖）及Single-Mode（單模光纖）兩種，且依傳輸的線材及傳送器（Transceiver）的不同而有傳送距離遠近之分。網路系統與電網系統的並行是現今世界各國在智慧電網上的必要投資，吸引著無數的廠商來分食這塊大餅。

有了高速網路的加持，在資料的傳送以及整合變的更加便利，更多的加值應用也可以在這條高速公路上奔馳。其讓設備的維護、效率以及安全性提升、以及營運成本大大的降低。

- 光纖網路是一種最新世代的有線網路技術。
- 其頻寬可高達10Giga bps甚至是100G bps。
- 光纖網路常用於通信骨幹及大量資料傳輸。

網路技術提升聯結便利性

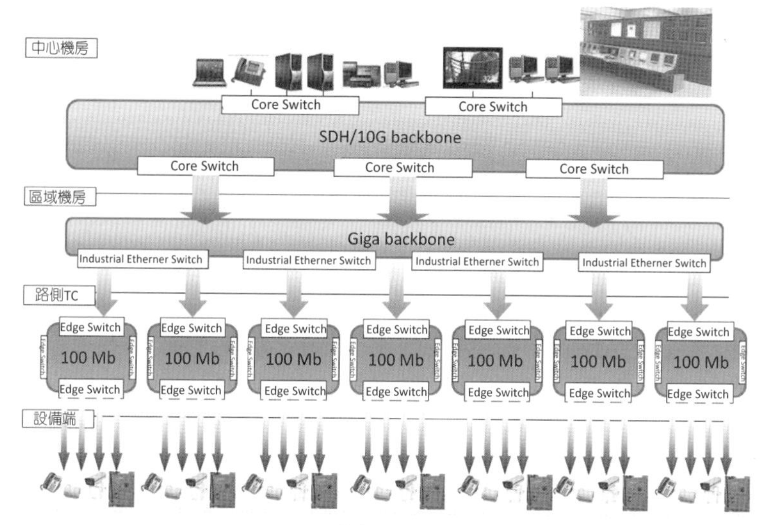

階層式網路架構

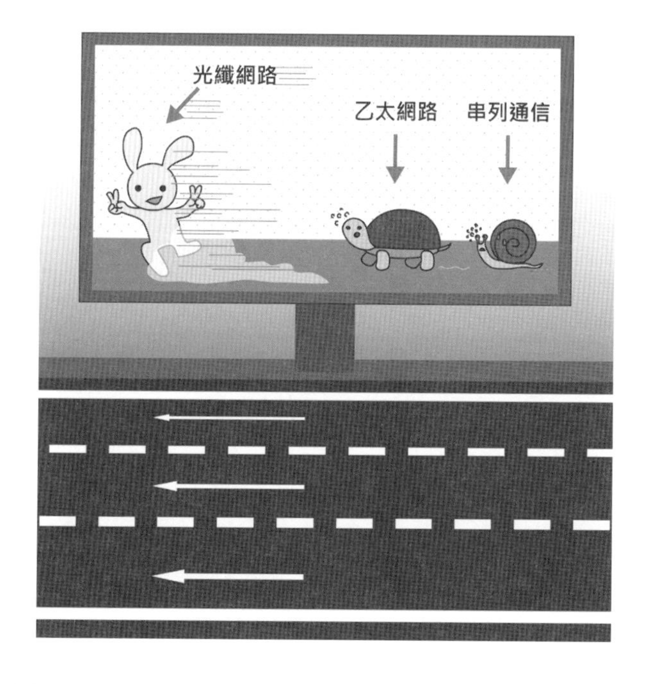

15 一隻滑鼠遊台灣

好萊塢電影中，總會出現一個不大起眼的配角，戴著厚重的眼鏡坐在電腦前。男女主角需要的所有資訊都可以透過這個駭客（Hacker），在鍵盤滑鼠遊走之間，一一的展開。

始於西元1990年，資訊爆炸的年代，透過網際網路（Internet），秀才不出門，能知天下事徹底的在生活中實現。當智慧電網的議題發燒之後，網路與通訊扮演了一個重要的角色。從過往的人工處理，進步到各電廠、變電站自動化的操作與管理。到了2012年的今天，網路時代的發展，透過遍布全島的資訊網路，所有的資訊都可以在數百公里外一次掌握。

智慧電網在IT及網路的加值之下，管理者可以從調度中心使用DMS（Distributed Management System）系統來管理各發電廠及變電站，調度負載並控制發電量，到未來智能電表（Smart Meter）以及終端饋線（Feeder）的佈建完成之後，管理者可以更為精準且便利的了解發電及使用者用電的情況，來達到節能並提升效率的目的。可以想見未來，連滑鼠都可能消失在我們的生活中，取而代之的是大大小小的觸控電腦。使用者可以在彈指之間瞭解用電情況及該繳多少的電費，甚至跟管理者或供電單位雙向溝通都不成問題。

在智慧電網的發展中，網路的應用與工業自動化進行無縫連接，將發電廠及變電站的設備連接上各式的感測器，再透過資訊網路傳送到管理者的HMI（Human Machine Interface）人機介面上，進而達到遠端控管以及節省人力的功效。此外，針對網路化及自動化，業界亦提出多種先進的標準，將網路的優勢應用於智慧電網，如IEC-61850，DNP3.0等來提升設備維護以及提升系統效率的功能。網路有如神經系統，讓電力網路更聰明了。

- 感測器（Sensor）用來截取資料的終端設備。
- 感測器常用於量測溫度、壓力、電壓、電流、液位等資訊。
- 控制系統可以透過這些資訊來掌控系統狀態。

網際網路將智慧電網發揮得淋漓盡緻

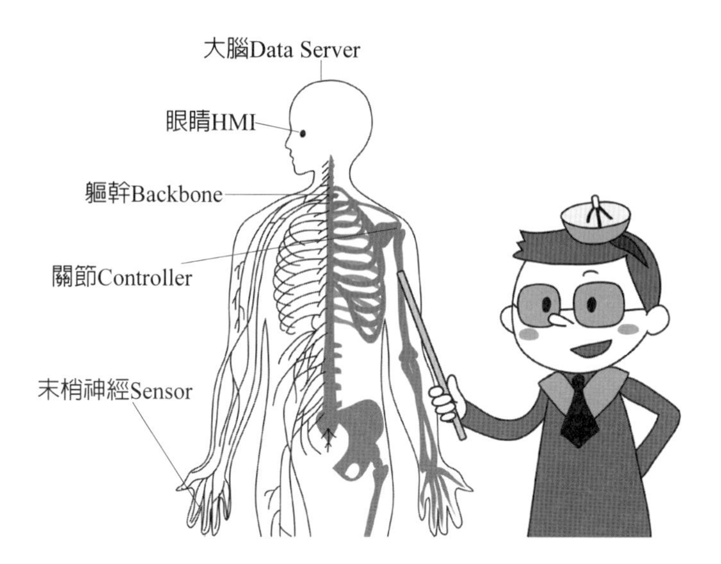

有了完整的自動化系統加上工廠技術後，就能遙控於千里之外。人類是否會退化成原始人呢？

16 漫步在雲端

網路化，對智慧電網的發展相當重要，而網路發展到了極致，就連家家戶戶的電腦主機都不再是必要的裝置，所有的資料都可以透過網路存放在遠端的代理伺服器裡。

雲端科技是現行科技高度網路化與智能化下的產物。智慧電網亦將雲端科技納入發展的項目之一，讓所有電力系統上的資訊都可以透過網路傳送到遠方的伺服主機加以儲存與分析。當然，利用雲端科技最急迫的，便屬智慧讀表（Meter Reading）了。

現今世界各國對於使用者用電的資料掌握均相當的不足，在現有發電與輸配電系統中，已大多有串列或乙太網路系統的建置來進行資料收集，但在最終端一哩（Last Mile）的電表卻沒有網路系統的連接，這使得收費或加值功能相當的缺乏且不易。以台灣來看，大多數的區域都還是得依賴人工抄表的方式，然後按月或雙月對使用者計算及計費。這樣的方式既不經濟，資訊精準度與即時性亦相當的低落，不肖之徒亦會趁機動手腳竊電或是更改電表資訊等等。

倘若這最後一哩的通訊問題可以得到解決，網路系統可以延伸至用戶端來連接智能電表，再將資料送到「雲端」，在遠端的管理者就可以輕鬆的取得使用者的用電資訊，累積長期用電習慣或是使用頻率資料等等，再透過智能電表的加值功能以及傳送同步資訊給使用者。這樣的模式才可真正讓供應者與使用者互動。其可達成用多少電才發多少電的目標也督促使用者必須時時留意節約用電等等。智慧電網的精神就在這裡。畢竟，電網再怎樣進步，使用端的省電與節約才是最大的重點。平日點點滴滴的浪費就會在隔月的帳單中顯現，人性面的議題，常常可以在掏錢出口袋時，得到最佳的考驗。

雲端科技一詞來自英文「Cloud Computing」，指透過網路連結遠方的主機來進行各式的工作，應用指郵件、資料、或是金融服務等包羅萬象。

隨時隨地漫步在雲端

讓雲端把你拉進來！

雲端科技一詞來自英文「Cloud Computing」。指透過網路連結遠方的主機來進行各式的工作。其應用指郵件、資料、或是金融服務等包羅萬象。

雲端運算 Cloud Computing

雲端運算（Cloud Computing），是一種基於網際網路的運算方式，透過這種方式，共享的軟硬體資源和訊息可以按需要提供給電腦和其他裝置。

雲端運算是繼 1980 年代大型電腦到客戶端——伺服器的大轉變之後又一種巨變。使用者不再需要了解「雲端」中基礎設施的細節，不必具有相應的專業知識，也無需直接進行控制。雲端運算描述了一種基於網際網路的新 IT 服務增加、使用和交付模式，通常涉及透過網際網路來提供動態易擴充功能，而且經常是虛擬化的資源。

在「軟體即服務（SaaS）」的服務模式當中，使用者能夠存取服務軟體及資料。服務提供者則維護基礎設施及平臺以維持服務正常運作。SaaS 常被稱為「隨選軟體」，並且通常是基於使用時數來收費，有時也會有採用訂閱制的服務。

使用者透過瀏覽器、桌面應用程式或是行動應用程式來存取雲端的服務。推廣者認為雲端運算使得企業能夠更迅速的部署應用程式，並降低管理的複雜度及維護成本，及允許 IT 資源迅速重新分配以因應企業需求的快速改變。

雲端運算依賴資源的共享以達成規模經濟，類似基礎設施（如電力網）。服務提供者整合大量的資源供多個用戶使用，用戶可以輕易的請求（租借）更多資源，並隨時調整使用量，將不需要的資源釋放回整個架構，因此用戶不需要因為短暫尖峰的需求就購買大量的資源，僅需提升租借量，需求降低時便退租。服務提供者得以將目前無人租用的資源重新租給其他用戶，甚至依照整體的需求量調整租金。

第二章

電網優化

17 傳統火力發電

當前南極冰山的融化速度急劇增加，海平面上升，全球均溫每年不斷的增加，氣候劇烈變化所帶來嚴重的後果已然在世界各國一一顯現。許多的專家學者紛紛的投入研究且將矛頭指向溫室氣體二氧化碳（CO_2）。而火力發電廠（Power Plant）所產生的大量CO_2就成了罪魁禍首啦！說到火力發電廠（Thermal Power Plant），人們的印象就是龐大的廠區，巨大的煙囪不停的冒著黑煙，整個天空都會被弄的髒髒的，不論晨昏季節都是一個樣的。或是像電影「金鋼狼」，男主角在數十層樓高的冷卻塔（Cooling Tower）上與敵人殺的你死我活後，依然可以豪氣干雲的站在塔上吹著風。若說到新一代的人們，我想現在的年輕朋友只有玩電玩「星海爭霸」時才會碰到發電廠這個名詞。在電玩（StarCraft）中，採掘了資源之後，首要的動作也是蓋發電廠，有了發電廠才能供應更多的人口以及產業，跟現實生活還真有幾分神似。

火力發電廠，總是建在依山傍水景色宜人的地方，它就像一座偉大的城堡屹立在河海之間但卻如此高不可攀，沒有美麗的愛情故事也沒有人會帶旅行團去參觀。這種傳統的發電方式約占一個國家發電量的60%（含）以上，當然，隨著不同國家的狀況及分布不同，比例甚至更高。這樣的傳統發電方式，能源效率其實並不理想，一般來說約只有35%左右。燃燒每一噸的煤來發電其實只有不到一半是用來產生電力，其他的部份則變成光、熱、溫室氣體、等不同的形式散布到環境之中，是一種最不乾淨的發電方式。常見的火力發電廠除了燃燒煤之外亦有柴油、天然氣等燃料。除了蒸汽輪機（Steam Turbine）之外亦有燃氣輪機（Gas Turbine）及柴油機（Diesel Generator）等。

燃氣輪機：Gas Turbine，是指利用渦輪噴射引擎來帶動發電機的發電方式，跟飛機引擎很類似，具有體積小出力大的優點。

火力發電能源效率低又造成空氣污染

台中火力發電廠

電玩（StartCraft）場景

燃氣輪機：Gas Turbine。
是指利用渦輪噴射引擎來帶動發電機的發電方式。跟飛機引擎很類似，具有體積小出力大的優點。

18 發電效率的提升

傳統燃煤或燃氣火力發電，其發電成本相對其他的發電方式來的低廉，在尖峰用電時刻可隨時增加發電機組來供電。我們既然無法捨棄它就得將它好好加以改良優化。

發電效率攸關於能量的轉換。在化學能轉換為電能的同時，大量的熱能以及溫室氣體也在不斷的產生。如何將效率提升並減少對環境產生的危害是一場永無止境的戰役。在現今的新式火電廠中，透過併聯機組（Combine cycle）及廢熱回收系統（Heat Recycle System）等方式，將發電效率提升至40～45%，但這些都還不夠。因為地球的資源是有限的，在石化燃料用盡之後這些電廠就會立即的停擺。發展新式的發電方式來達到更高的能源效率才是一個未來的方向。例如燃料電池的發展，即是高能源效率的一種發電方式。

在十八世紀，輪船的發明是一件很了不起的事，當時使用的是「明輪」這樣的技術，蒸汽機推動巨大的明輪帶動輪船的前進看似非常先進，但有60%的葉片曝露在空氣中，完全沒推進船體；漸漸的，效率較佳的水下螺旋槳取代了明輪的角色，推進效率頓時備增。原本只能行駛內海的輪船開始航向世界，螺旋槳成為了新式船艦的標準配備。效率的不同影響之大由此可見。同樣的例子在電力系統上，不僅發電效率很重要，在變電站，傳輸線路、變壓器轉換效率及在用戶端的電器用品使用效率也很重要，效率提升必須從每個環節加以處理並優化，方能讓系統達到最佳的運作效能。現今，發電方式的進展一日千里，如何在這些複雜的理論之下，找出對地球最和諧、對人們最便利且效率最高的發電方式是近代科學家們永無止盡的目標，其也是智慧電網的中心思想。

- 核電發電效率約33%。
- 新一代的火電發電效率可到將近40%。
- 核能發電的效率亦有提升的必要性。

效率的不同，讓產生大大的不同

水下螺旋槳效率較高　　明輪船效率不佳

19 全年無休的壓力鍋

火力發電（Thermal Power）的原理其實很簡單，拿可以燒的東西來燒就是了，不管是燒石化燃料，燒木材，甚至是燒垃圾，都可以產生熱能，產生熱能之後便可以燒開水產生蒸汽，經由過熱之後產生過熱高壓蒸汽來推動蒸汽發電機，再利用電生磁、磁生電的原理，將動能直接轉換成電能。雖然傳統火力發電效率較差但亦有其優勢所在，在尖峰用電（Pick Hour）的時刻，不管燒柴油（Diesel）或是天然氣（Natural Gas），發電機組可隨時接受指令應戰，啟動發電機組加入發電的行列，它是使用彈性較好的一種發電方式，智能化發電（Smart Generation）是智慧電網中重要的一環，在我們無法捨棄火力發電的情況下，改善並提升其效率是一個必要的手段。一般來說分為下列一些方式將火電廠優化並智能化。

透過電廠發電流程控制（Process Control）的改善，採用複循環（Combine Cycle）機組，廢熱回收系統（Heat Recycle System），廢氣及硫化物處理及環境監控系統（Environmental Monitoring）的建置讓電廠的能源效率可以提升40%至45%，並減低對環境的影響及破壞。智能化發電廠並可依能源管理系統EMS（Energy Management System）來進行增減發電機組及配合調度。靠著數以萬計的控制器（Controller）及感測器（Sensor）不停的收集資訊來讓管理者能夠在彈指之間操控這龐大的系統。智能發電（Smart Generation）即為將傳統的發電系統加入自動控制及通訊網路來改善流程並達到監控、保護、效率提升、減低能源消耗的目的。火電廠就像一個全年無休的壓力鍋，有賴良好及準確的控制來使其在穩定的狀態下提供電力。以下章節將進一步說明其系統運作的原理及相關應用。

- 蒸汽，是水的氣態形式。
- 一般的水蒸汽是無法推動發電機，飽和蒸汽可持續加熱超過該壓力下的沸點。
- 過熱蒸汽可用來推動發電機運轉。

智能化後的火力發電廠減低了對環境傷害

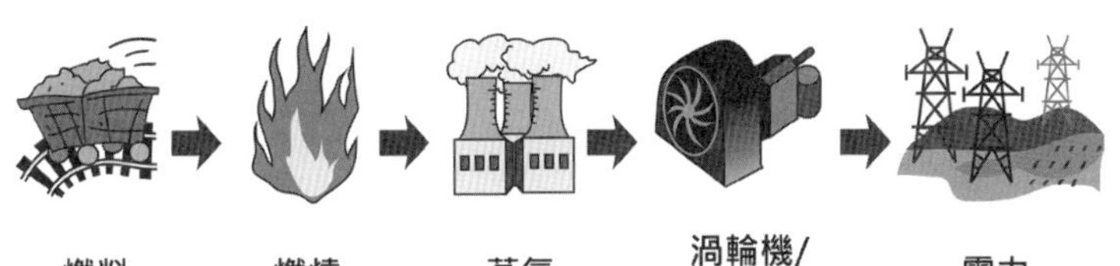

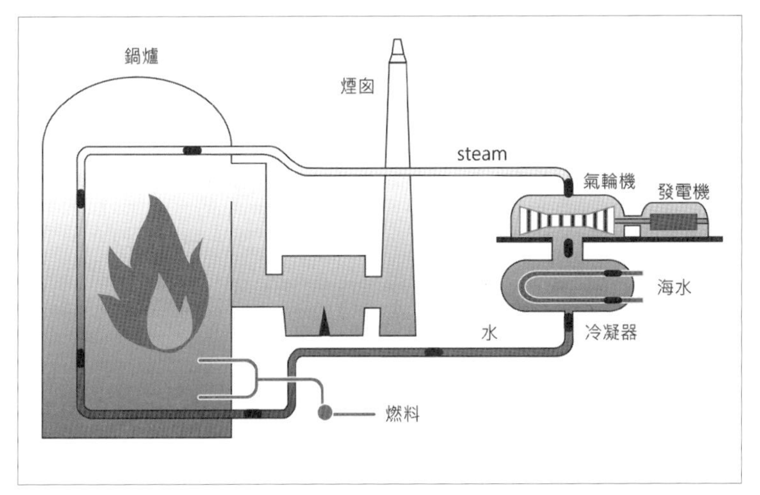

火力發電流程

蒸汽，是水的氣態形式。一般的水蒸汽是無法推動發電機，飽和蒸汽可持續加熱超過該壓力下的沸點。
過熱蒸汽可用來推動發電機運轉。

20 燃料、空氣、水——火電廠的系統結構

在火電廠內有著許多不同的系統及設備，既分工亦協作，集各學科之大成，將風、水、蒸汽、油、電等加以整合為一個不間斷（Non-Stop）的系統。主要包含鍋爐系統（Boiler）、給水／疏水／廢水／海水系統、冷卻水／滑油系統、進燃油／煤／氣系統、風機／通抽風系統、蒸氣／霧化蒸汽／主輔排汽系統、低壓空氣系統、柴油機／蒸汽輪機／燃氣輪機系統（Steam Turbine/Gas Turbine）、減速齒輪／軸承系統、環境／水質檢驗收集分析系統、蒸汽發電機系統（Electricity Generator）、幫浦系統、環控系統、高低壓變電系統、DCS系統等等。

在家中燒開水時，當水達到沸點，大量的蒸汽就會從鍋裡不停的湧出，即便沉重的鍋蓋也不是它的對手，輕而易舉的被掀開。火電廠的鍋爐、蒸汽輪機的流程跟煮開水有著異曲同工之妙：鍋爐燃燒燃料加熱給水，水在汽化過後變成蒸汽再加熱變過熱蒸汽，蒸汽推動渦輪機，渦輪機帶動轉子，轉子帶動發電機，再由磁生電（安培右手定則）產生電力再送到升壓變電站傳送出去。這樣的發電流程設定在一個固定的數值（Set Point）之下穩定運作，24小時全年無休的持續運轉發電。這樣的流程控制，仰賴許許多多的感測器及資料截取器的整合運作。舉個例子，在一般家中的冷氣空調，若將其設定為恆溫狀態，人們就可以不需要依自己身體對環境的感受來決定啟動或不啟動冷氣機。其溫度感測器可以測知室內的溫度，並驅動壓縮機運作將室內多餘的熱量排放到室外，若溫度達到設定值，壓縮機變停止運作來節省電費，這也是流程控制（Set Point）的一種應用。人的身體也像安裝了無數的感測器一般可以偵測到環境的冷、熱、溼、乾燥等，可以自動調節身體的體溫以及相應的行動來適應。自然界就是如此奧秘，工業界會做的，生物界早就在做了。

- 燃燒是指物體快速氧化，產生光和熱的過程。
- 燃燒，需要三種要素並存才能發生，可燃物質如燃料、助燃物如氧氣、以及溫度要達到燃點。

火力發電產生的電力恆定就像人體一樣會自動調節

鍋爐與燃料、空氣、水、蒸汽的交互作用

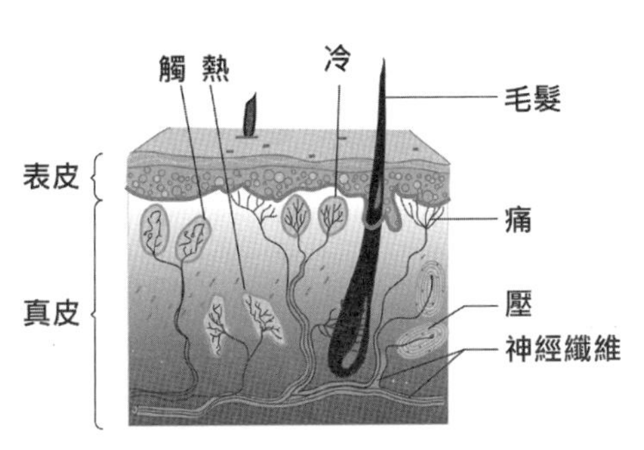

人類皮膚中的感測器

21 神經中樞、分散式控制系統

在這樣複雜的電廠流程控制裡必須透過圖形化管理及人機介面將所有的系統納入並協調運作，稱為分散式控制系統（DCS Distributed Control System），這種系統可靠度高，容錯能力（Fault Tolerance）強，但缺點是造價昂貴，通常只使用在最重要最複雜的流程控制。如高科技電子廠、石化、電力、水處理等。其組成包含最上層的HMI/SCADA（Human Machine Interface/Supervisory Control And Data Acquisition）人機介面與資訊收集系統，往下透過工業乙太網路（Industry Ethernet）連接到主程式控制器（Master/Slave Controller），控制器連接大量的Remote I/O及感測器（Sensor）達到資料收集、控制、報警等目的。

在最新式的DCS系統中還加入了如網管系統、緊急報警系統、人員管控及門禁系統、火警消防系統、偵煙及漏液偵測系統、廢料回收系統、防爆預警系統、空調及大樓自動化系統、CCTV視訊系統、排污監控系統、遠距監控系統等等。若是發電廠距離港口太遠還會有鐵道運煤系統來協助。透過不同方式的監控系統來輔助既有的發電系統，達到智能化、網路化、一體化，進而節省燃料消耗、增進系統穩定度、減少人員負擔降低營運成本、提高安全性、降低排污等。在業界知名的廠商如Rockwell PAX System、Honeywell with Experion & Plantscape SCADA systems、ABB with System 800xA、Emerson Process Management with the DeltaV control system、Siemens with the SIMATIC PCS7、Foxboro等等，國內也有許多的廠商在自動控制上投注心力開發設備以及系統產品來使用於電廠應用。在發電機組更新及現代化的自動控制系統運作下，智慧發電（Smart Generation）是一個必要的行動與投資。從發電端就著手改善。做，就對了！

- DCS分散式控制系統，可以用在電力系統。
- 亦可以用在高科技工廠、船艦或石化等。
- DCS在工業自動化中扮演相當重要的角色。

DCS在自動化系統貢獻良多

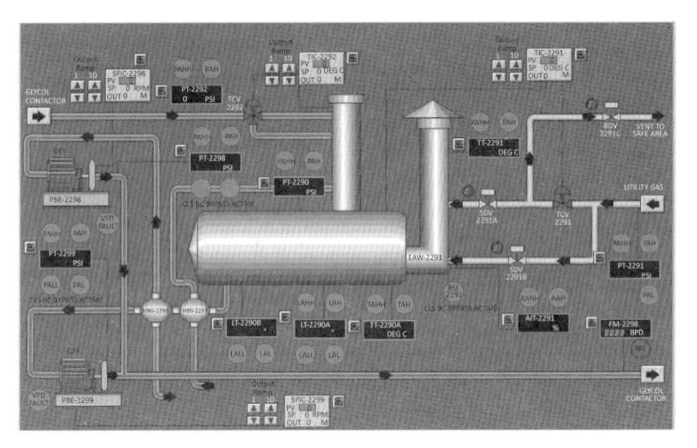

HMI圖形化人機介面

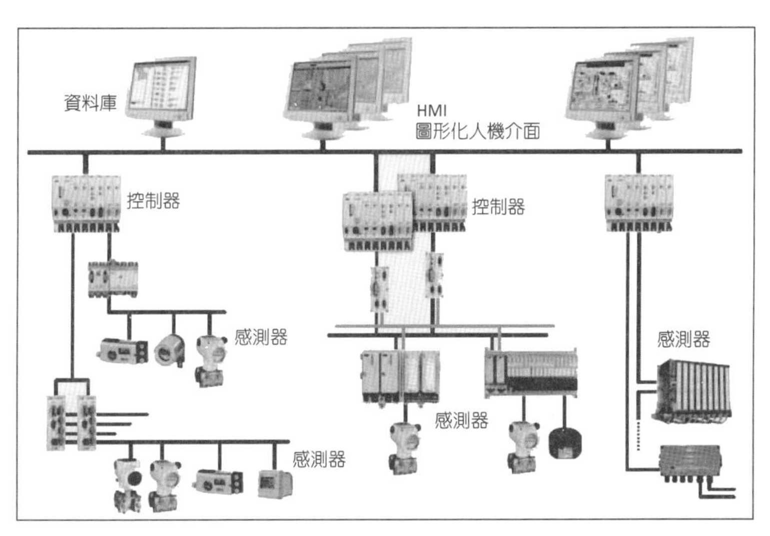

系統架構圖

資料來源：台灣ABB, http：//www.abb.com.tw/

22 企業好幫手，汽電共生廠

「汽電共生廠」（Cogeneration Plant）係指利用燃料或處理廢棄物同時產生有效熱能與電能之系統。反之，亦可利用發電後產生的蒸汽或廢熱來加熱或提供給其他系統使用。不但可大幅節省能源，提高熱能、電能生產總熱效率，以促進能源有效利用。汽電共生之基本概念為在能源轉換過程中將所產生的電與熱（亦即能源）配合實際的需要作最經濟且有效之運用，只要將生產流程加以規劃且將發電系統併入，將易於散失的熱能或化學能轉換為電能，就等同於節省下大量的金錢。這樣的汽電共生廠常可以在大型的鋼鐵廠、造紙、或石化廠中出現。此外，「廢熱鍋爐」是汽電共生在垃圾焚化廠應用之一種，藉焚化廠處理廢棄物以解決環境污染外，尚可回收能源。

這樣的廢熱回收技術是智慧發電裡的重要一環，熱效率的提升正是火力發電廠發展的首要目標。除了電廠之外，像是汽車的煞車系統亦可應用熱回收系統替電池充電。冷氣空調系統排放大量的熱能亦可加以回收利用。在這點滴之間斤斤計較之下，能源可以得到較佳的利用率及轉換率，營運成本亦可降低不少。

我曾經看過母親為了準備一頓豐盛的晚餐，而坐在桌前不停的思索了許久，才開始準備這七、八道菜。她將不同的食材準備完成後，就依照著她腦中思考的流程一步一步的進行。一道菜炒完之後，她就接續著用熱鍋來炒下一道菜，另一邊的鍋子將肉類汆燙過後再燙熟其它的食材。霎那間，我忽然領悟到，哇！原來我母親也是個廢熱利用高手，以不影響菜色及口味的前題之下，盡量減少洗鍋的次數以及將冷水煮沸的次數，除了可以節省大量的瓦斯費之外也不會讓廚房弄的熱呼呼。不得不佩服長輩的智慧。那天，品嘗美食佳餚的同時，我也上了重要的一堂課。

- 汽電共生廠節可能減碳，降低成本。
- 智慧發電可利用廢熱回收技術。
- 善於規劃，人人可做節能高手。

節省資源、愛護環境

蒸汽渦輪發電機

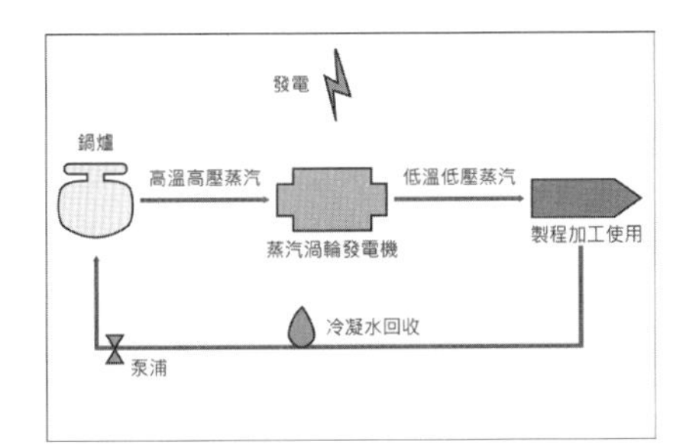

汽電共生廠

23 核能並不可怕

核能其實也是火力發電的一種，其系統的組成大多與傳統火力發電相同，只是熱源來自於核分裂所產生大量的熱能。相較於傳統火力發電廠，安全係數必須更高，備用系統及備援機制必須更多套，使用的設備必須有更高的標準及可靠度（Reliability）之外，更精密的監控系統以及偵測系統是必要的。尤其輻射線這種東西，看不到，摸不著，不但千古不化且會要人命，唯有緊密嚴謹的多重防護機制以及監控才能安全的使用它。輻射偵測系統（Radiation Detection）、水文監控、冷卻降溫系統、反應爐注入系統、圍阻體監控系統、廣播及人員疏散系統、低污染核廢料處理系統、安全防護系統等等。比起傳統火力發電廠，其系統複雜度又更高，必須以最高規格來對待，讓核能發電能安全的為人類所用。

核能發電並不是利用燃燒石化燃料來產生熱能，所以並不會產生大量的溫室氣體，比較起傳統火力發電，核能的優點是相對乾淨且節能。若說到其缺點，除了其冷卻水排海會造成海水溫度上升、珊瑚白化之外。我想大家腦中立即還會浮現出一大朵火紅的蕈狀雲、許多的國際核災事件或是二次世界大戰時的原子彈。無論是美國三哩島（Three-Miles Island）事故或是前蘇聯（現烏克蘭）車諾比核災（Chernobyl Disaster），核子潛艇、洲際彈道飛彈等。再加上即使原子能發展相當先進的日本，在福島事件上都付出了慘痛的代價，人們幾乎是聞核色變，核能議題也成了政客們選舉時的口水戰。車諾比發電廠已經過了25個年頭，該警戒區域依然有著相當高的放射線且具危險性。筆者曾參觀車諾比核電廠「附近」的變電站，雖然距離還有近百公里之遙，但心中還是不免毛毛的很不是滋味，回家後便一股腦把出差穿過的衣服（低放射性廢棄物）通通往垃圾桶扔。

- 核能發電的方式類似於火力發電。
- 核能發電依設計的不同分為許多不同類別，壓水式與沸水式反應爐是較為常見的方式。

核能的安全建構在嚴謹的防護機制與監控

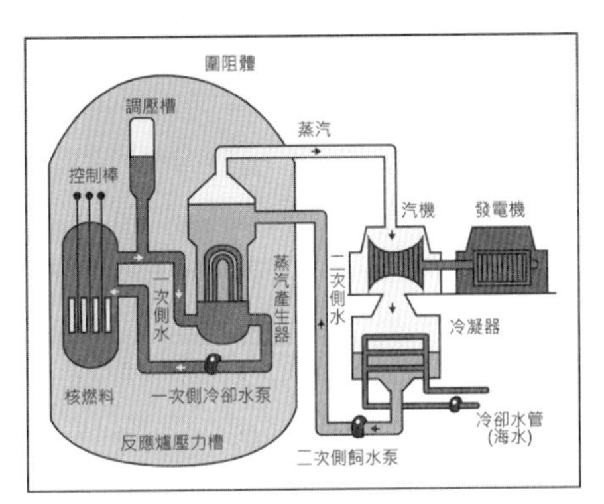

核能發電流程

屏東南灣核三廠

24 核能的未來

人類宣稱可以擁有並掌握核能，但事實上人類的知識程度尚且不足，從2011年的福島核災即可知：再多道的防護系統、再多的經驗法則，再堅強的工程團隊，還是無法抵擋大自然的力量。核能發電及核能教育還有待更多學者專家的投入，才能真正成為可以安心使用的能源。從現實面來看，核能真的可以完全去除嗎？答案我想大家都知道，是不可行的。G20工業國全力發展工業及經濟，仰仗的便是源源不絕的電力供應，穩定的電力供給是工廠生產的最大課題。從德、英、法、日、美等國來看，核電廠的數量多到幾隻手也數不完，在其它國家的電力供應比重，亦常常超過30%。然而越是討厭它，它偏偏就在你家隔壁。台灣台北、一個五百萬人口的大都市，就有著兩座核電廠當鄰居，若有任何狀況發生，人員疏散的範圍跨過中台灣，想躲也不知道該躲到那去。這是一個事實，所以我們不該排斥它，反倒應該更認真的看待它，監督政府及相關機構來管好它看好它才是上上之策。過往台商在大陸設立工廠，最為垢病的就是其電力系統，做二停一的工廠無法發揮最大生產力，亦會增加經營者的成本。核能發電只要控制運作得當，既節省燃料又能長年運轉，是一種相當穩定的發電方式，也不用擔心石油或燃煤價格高漲造成發電成本大增的問題。世界各國對它可是又愛又恨。若要問我是否支持核能，我個人是舉雙手雙腳贊成。不是我不怕死，也不是我不知道它的危險性。就因為對它的了解，以及對人性的需求告訴我，人類無法捨棄它，只有更了解它，讓它更進步更安全、更為人類所利用才是一條對的道路。或許未來小型化的核電廠都可以安裝在你我的身體裡面提供源源不絕的動力，下一個「鋼鐵人」可能就會是你。

- 核能分為核分裂以及核融合。
- 目前世界上核能電廠採用的都是核分裂技術。
- 核融合技術將是科學家們下一個發展的方向。

核分裂為現今最廣泛使用的核電方式

2011年福島核災

電影鋼鐵人

25 善用但不濫用乾淨的水力發電

水力發電，是一種既乾淨且發電量又大的發電方式，由勢能（Potential Energy）轉換成動能（Kinetic Energy），推動水輪機使之旋轉，進而推動發電機組發電。在水資源豐沛的國家，水力發電甚至可以占總發電量的30%以上。其比重更佔再生能源輸出的八成以上。

水力發電的優點在於可再生，發電效率高且成本低廉，惟其受到乾雨季的影響較大且對生態環境造成不小的破壞。當水壩一個一個的建立，河川以及地貌的改變、動植物的生態系統破壞，都讓環保人士心痛不已。如中國大陸的長江三峽大壩在興建的時後，遷移大量的居民、破壞了不少原生的動植物生態系、甚至許多千年的古績都得長眠於江水之下。對人類以及大自然的影響相當巨大，隨著時間久了，水庫會逐漸的淤積，漸漸的失去蓄水的能力，也會減低發電的能力。開發與不開發水資源都讓各國政府難以抉擇。

地球上海水占了70%以上，淡水相較之下較為稀有，飲用水尚且不足，那用來發電用的淡水就更加的不足了。所以就有人將腦筋從淡水轉移到了海水。日夜不停歇的洋流以及潮汐等就成了主要的研究方向。台灣東部有黑潮流經，其流速快又寬的優勢，許多學者專家表示，綜觀全球國家，最有實力把洋流發電發揚光大的就是台灣。以每秒約一公尺的流速（Flow Speed）、深度約海面下30公尺，再加上洋流流經的路徑非常穩定，初步估計光是綠島附近的黑潮流就可達1至3GW的發電量，規模竟然相當於3座的核能發電廠發電總合。而且台灣還有蘭嶼、花蓮及蘇澳等共計4個地方都是發展洋流發電的絕佳場址，如果技術可行，持續不斷的發展加上政府投入，乾淨的電力將足夠全島所需，值得我們密切關注。

- 水力發電廠是水庫裡的水往下落時，使位能轉化成動能，推動渦輪機旋轉後，驅動發電機產生大量的電力，但依季節不同，水庫儲量亦不同。
- 水力發電廠尚需依實際用水需求調整發電的能量。

利用水力來發電是再生能源的一個發展方向

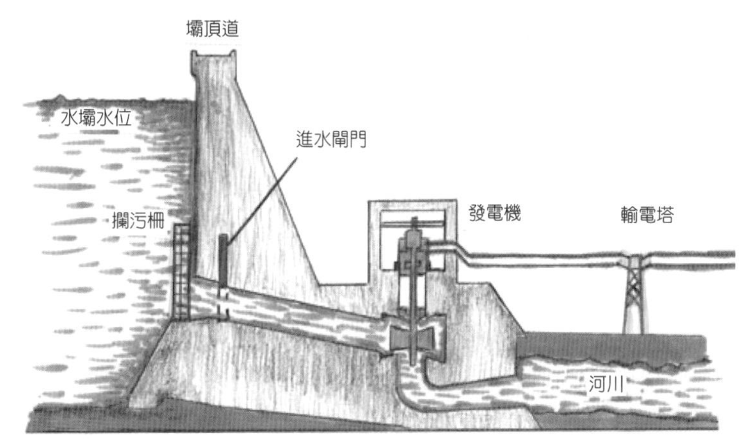

水力發電流程

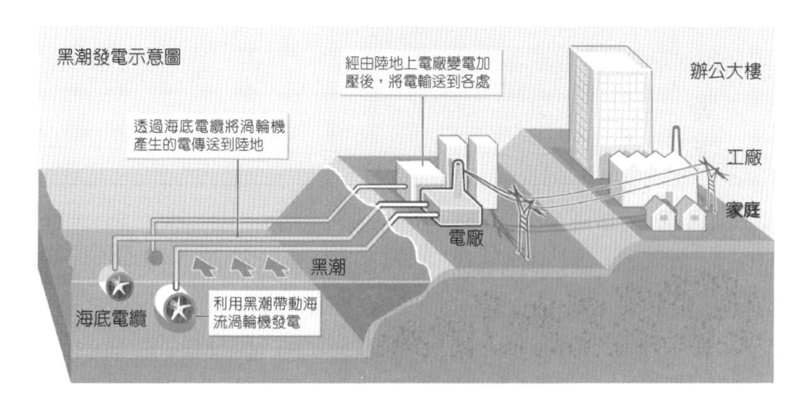

洋流發電流程

資料來源：台大應力所陳發林教授／製圖：李承宇

26 你不可不知的變電站

變電站（Power Substation），是一個你我較為熟知的名詞，卻又有些陌生。每當經過變電所時可以看到其高高的圍牆以及利刃般的鐵絲網環繞著，就像帶著神秘面紗的蛇蠍美女一般，可遠觀而不可褻玩焉，但那是舊時代的印象。現今，電力公司會將變電站興建的美美的，外觀就像一棟有錢人家的別墅一般，以卸除人們的恐懼與防備心。其實在裡面，有著幾萬到幾十萬伏特的變壓設備不眠不休的運轉中，將遠方發電廠的電轉送到數以萬計老百姓的家裡。

若說到電的單位，電壓（Voltage）、電流（Current）是大家最耳熟能詳的名詞。那幾萬伏特到底有多大呢？一般家用的220V電就足以讓人休克或心臟麻痺。電影侏儸紀公園裡用來關恐龍的電網也不過才一萬伏特（10KV），就足以將誤觸的人／龍瞬間彈飛或變成BBQ。雖說是電影特效，但現實生活中，家家戶戶門口22KV綠色的饋線箱FTU（Feeder Terminal Unit）就足足是其兩倍之多，可用以供應數棟大樓或工廠的用電。一座變電站的能力當然不僅如此，而是數十倍之強。一般來說，變電站分幾個類別如下：

變電站	變電所級別
特高壓變電所	由765KV經變壓器降為345KV之變電所
超高壓變電所	由345KV經變壓器降壓為161KV之變電所
一次變電所	由161KV經變壓器降壓為69KV之變電所
一次配電變電所	由161KV經變壓器直接降壓為22KV或11KV之變電所
二次變電所	由69KV經變壓器降壓為22KV或11KV之變電所

不同的國家採用的系統以及電壓級距並不相同，多少都有些歷史因素以及依當地需要而採用，且依該國家的地理位置而定，發電廠所在的位置常常不能盡如人意，地點的選擇也必須考量到安全、便利性、環境議題等因素。透過這些大大小小的變電站將電輸送到遠方的使用者，就是一個相當大的挑戰了，或許要翻山越嶺或漂洋過海，這些都是必要的手段。

- 電壓是每單位電荷經過時的電能轉換，它的量度單位是伏特（V）。
- 電壓＝電能／電荷。
- 現今變電站外觀已與一般建築無異。

變電站依需要將電壓升高或降低

高壓變電站

電影侏儸紀公園

①

②

③

④

27 統一度量衡——IEC-61850大變法

提到變電站，就不得不提一個相當關鍵的議題，就是整合性的需求。電力，是百年工業，電力系統的供應商在多年的設置及安裝後，都已經在市場上擁有支持群，像是法國的Alstom、美國的GE、日本的MITSUBISHI、德國的SIEMENS等等。隨著時代的改變，世界各國的電力系統中，有著許多不同時期廠商提供的電力設備及控制系統。對各國電力公司來說，這是一個相當頭痛的問題。就好比聯合國大會，各家的設備均不相容，在介面的轉換以及系統的整合難度就相當的高，維護及升級亦相當的困難；但若偏好某一兩家廠商，又會出現規格被綁定，有圖利廠商或是官商勾結的疑慮，且成本系統缺乏彈性的缺點。

IEC（Independent Electrical Contractors）國際組織，為了實現在變電站自動化系統的監控和保護功能的同時，且達成不同廠家的設備訊息分享的目的，在2003年提出了IEC-61850協議，讓變電站自動化透過工業乙太網路的連結形成開放式的系統。各廠牌設備可以使用相同的通訊方式與相關的軟體功能。讓變電站內的設備尤其是IED（Intelligent electronic device）保護電驛或資料收集器（Merging Unit）能夠無縫整合，彼此之間具備相互操作性等。此外，在變電站環境中硬體設備的部份也要有較為高標準的定義，如EMC電磁干擾與環境溫濕度的考驗尤其嚴重。

在遍布全台的大小變電站裡，目前只有約5%適用IEC-61850的規範，要讓統一的標準在國內廣為設置並不是一件容易的事。就像是在戰國時代，秦始皇要在平定了六國之後，方能統一文字、車軌、度量衡及貨幣等。在車同軌、書同文的規範之下，也奠定了中國歷史輝煌發展的基礎。隨著智慧電網的興起，世界各國電力公司正面對著群雄並起的戰國時代。

- 保護電驛（Protection Relay）功能如同保險絲。
- 當保護電驛電流或電壓過載或是溫度過高等事件發生時，會進行跳脫保護線路。
- 將保護電驛或資料收集器整合並非易事。

台灣目前的變電站設備尚無法實現統一標準的目標

IEC61850 Standard

Basic Priciples		Part 1
Glossary		Part 2
General Requirements		Part 3
System and Project Management		Part 4
Communication Requirements		Part 5
Substation Automation	System Configuration	Part 6
Basic Communication Structure		Part 7
Part 8: Mapping to MMS and Ethermet	Sampled Measured Value	
	Mapping to Ethermet	Part 9
Confofrmance Testing		Part 10

IEC-61850標準及其章節

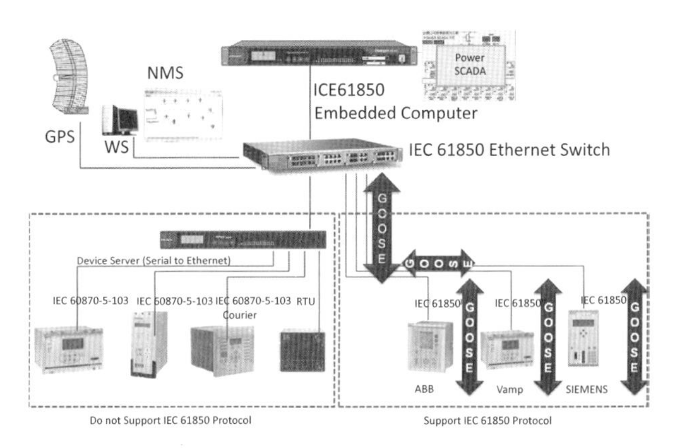

IEC-61850系統架構

有了IEC-61850，大大小小的變電站有了統一的標準，天下就是我的啦～～挖哈哈哈！！

28 無人變電站

提到變電站，光在台灣就有數百座之多，有些在山上、有些在海邊，有些則在繁華的市區。倘若每座變電站都要一到兩個人值班，那就需要上千名員工才能管理這些變電站。所以在有限的人力物力支出受限的情況下，世界各國無不大量的進行變電站無人化的升級。無人化變電站就是由遠方監控中心值班員代替變電站現場值班員，對變電站設備運行實施有效控制和管理。將變電站現場的資訊、信號傳輸到控制中心，進行遠端操控。

變電站欲達到無人化的前提，乃是本於自動化與網路化的科技加持。通常可以分為以下數個系統來協力完成。像是電力監控系統（Power SCADA）、門禁與入侵偵測（IDAS/CCTV）、資產設備管理（Asset Management）、變壓器監控（Transformer Monitoring）、報警與保護系統（Alarming & SPS）、繼電器保護（Relay Protection）、環境資訊（Environmental Data）等。透過網路的傳遞，讓聲音、影像以及設備資訊可以即時的回傳到控制端提供管理者決策判斷。

無人化的目的就是：不需要人的出現即可處理各種狀況或是減少人力成本的需求由機器代勞。現代化的智慧電網就像現代化高科技戰爭一樣，透過無人飛機、無人戰車、無人潛水艇等等，可以決勝於千里之外。視距外的爭鬥比白刀子進、紅刀子出更引人入勝。也就是現代的戰爭其實跟電動玩具其實沒太大的差異。只要轉一轉搖桿、按一些按扭就可以將敵方的武力徹底瓦解。回來看到變電站中，在HMI（Human Machine Interface）的幫助下，管理人員即可透過圖型化介面以及觸控螢幕來進行管理及設定。透過網路的延伸，HMI就可以從現場拉到數公里外進行管理，工業自動化的迷人之處也就在此。

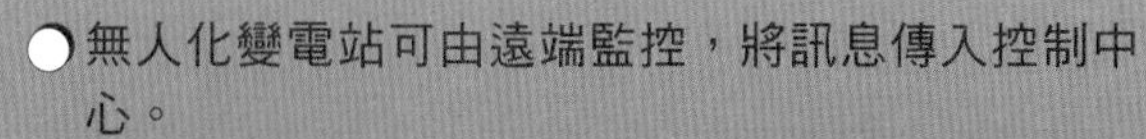

- 無人化變電站可由遠端監控，將訊息傳入控制中心。
- 透過HMI圖形化人機介面使人與機器進行互動，如螢幕、按扭等。
- 圖形化人機介面以圖形顯示的方式讓管理者閱讀系統資訊，便於系統管理。

無人化的遠端控制減少了人力成本

變電站HMI圖控系統

美國NASA無人飛機

29 從南到北，400km接力賽

台灣從北到南400公里，當傳輸的距離越遠時，就必需要將電壓上升以減低傳送時的消耗，在台灣，北部的用電量大但電廠卻都在中南部，南電北送就成了一大課題。台灣曾經於1999年7月29日，編號第326輸電鐵塔，因連日豪雨使地基土壤流失而傾斜，由於電力是由南向北傳送，中北部的各發電廠因保護機制而跳脫，導致台南以北地區從當天晚間11點38分開始發生大規模停電。不但造成經濟損失，更讓大眾及政府單位認識到了電力傳輸系統的重要性。

台灣南北長不過數百公里就必須建立數百座的變電站來傳輸電力到各地的使用者，那中國大陸就更可觀了。大陸在十二五計畫中提及，在數年內要新建或改造5000座的變電站，在西元2020年前更要完成7000～10000座變電站的建置，其商機相當的龐大。越是地大物博的國家，其電網建置及維持就更加的困難。此外，除了距離的問題，負載也是個重要的議題。隨著使用者的需求越來越大，電力系統的負載也隨之大增。要將系統升級來達到目標，除了必須更新變電站內變壓器的容量之外，傳輸線路也必須進行更新以提高負載能力，在負載發生劇烈變化或是系統錯誤發生時，才能夠進行調度調節，避免大規模的保護跳脫或是電力供應失效。

田徑場上進行的接力賽，每位選手都得在精準的時間點內將棒子緊握在手上，然後繼續發揮爆發力往前衝。如果發生掉棒或是選手跌倒的狀況，就差不多已經宣告與晉級無緣了。從發電端到用戶端，這些許許多多的變電站就像是接力賽的選手一般，必須精準且順暢的將電力傳送到遠方，少了多了都不行、慢了也不行，這都有賴EMS/DMS（Distributed Management System）的幫助，讓電可以透過精準的管理送達使用者端。

- 高壓電塔為主要的輸電設施。
- 電線在高壓時不能離地太近，否則易產生電弧效應。
- 電力傳輸需克服傳輸距離和其負載量。

電力傳輸是環環相扣的

台電高壓電塔

隔山打「電」

30 指揮若定的智慧電力調度系統

DMS（Distribution Management System）配電即時管理系統，屬於電力系統環節的最上層管理系統。就像人的腦袋一樣，可以決策處理許多複雜多樣的資訊以及記錄分析各種發生的事，同時支配肢體與感官來做相當的因應。

世界各國因該國國情以及環境資源等因素而有不同的發電與輸配電組成。像是火電、水電、核電、汽電共生、燃氣、風力、太陽能等不同的發電端以及各級變電站及饋線線路等，均需納入配電管理系統中來管理。電力負載（Load）必須得到適當的分配以及輸送才可以穩定的供應給所有的使用者。DMS相當於一個大型情資收集系統，可以將所有的資訊加以整合分析，當系統上有錯誤發生或是遭受天然災害時，可以協助管理者進行電力調度與保護等。舉例來說，若有電廠發生跳機，電力供應立即吃緊了起來，這時就要將別處發電廠的電調度過來以避免使用端電力中斷。在台灣曾發生過兩次重大事件，一是1999年的729全台大停電，二是兩個月過後的921大地震，再度重創了台灣的電力系統。隨著時代的演進，台灣電力公司在多年來的經驗裡不斷的改進及更新系統，讓指揮調度系統更加的完善。

DMS電力調度系統就像是棒球隊的總教練，隨時要注意場上各個球員的狀態並提供適當決策，當投手猛投壞球或好球帶總在打擊者身上、外野手老是恍神失誤接不到球、或是選手不慎受傷下場時，必須調用適合的人選加以替補，戰況陷入膠著時，要使用犧牲打、觸擊、盜壘等方法來改變情勢。總教練必須清楚掌握場上狀況，指揮若定且不能慌亂。這樣的帶領之下，球隊方能運作順利且發揮最佳的戰力。

- 電力負載須有適當分配及輸送才能穩定供電。
- 電力調度中心管理調度各輸電中心輸電量，制定各電廠發電機組日期、預估全國次日發電及用電量。
- 如有特殊必要，電力調度中心會發布地區限電通知等事宜。

在緊急突發事件中能適當應變

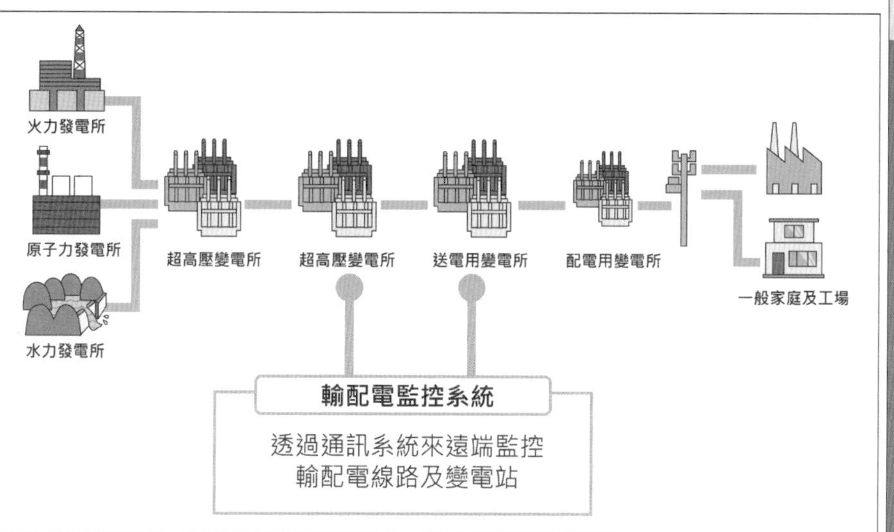

配電管理系統

31 送電到你家

談到電力系統，跟人們每天生活息息相關卻又有些的陌生。隨處可見的電線桿以及路邊綠色的電箱，大概只有偷偷張貼小廣告的人最為熟悉。電線桿（Pole Mount）以及變電箱（Pad Mount），兩種饋線（Feeder）安裝的方式就是電力輸送的最末端一哩（Last Mile）。電線桿通常沿著馬路邊建置，那裡有新的住宅區工業區，電線桿就會跟著到那裡。就像人類體內的血管一般，負責將養份輸送到身體的每個部位。儘管它這樣的重要且無時無刻的為民服務，卻常成為酒駕人士或是野狗們的攻擊目標。另外，變電箱通常標示著「高壓勿近」或是「危險勿觸」等標語，端端正正的座落於大樓前或是馬路邊。不論是電線桿或是變電箱，其內部就是一個變壓器在裡面，負責將低壓11/22KV的電力轉換為110/220V的電力送到您家裡的配電盤，或是將440/330V的電送往工廠。有了這些數以萬計的微血管，老百姓或工廠才有電可以使用。

有了這些電線桿及變電箱，家家戶戶就有方便的電力可供使用。但在台灣的夏天，颱風每年都要來光臨個幾次。颱風來時，許多的電線桿就會被吹的東倒西歪或是電力中斷。那安裝在地球表面的變電箱就沒事了嗎？。其實不然，常淹水的區域，變電箱也常常會遭到池魚之殃。另外，也曾有機車騎士因為下垂或斷掉的電線所絆倒受傷，所以遇到天候不良或是颱風天時還是得多加留意。另外，投資客或是自住客在買房子時，也需特別注意一下該區域是否為重劃區。通常為了安全與市容美觀其都會將電力線路等地下化，所以民衆們只會看到變電箱而不會看到電線桿，該區域的房價自然也較其他有電線桿的區域來的高貴一些。電力網路就像一顆大樹一樣，一直不停的長大與擴張。

- 電線桿上面各印有編碼，稱為電力座標。
- 迷路撥打119告知電力座標，即可得知你的正確位置。
- 電線桿和變電箱內有變壓器，將電力送至工廠及住宅。

電線地下化讓市鎮更乾淨

桿上變壓器

地面變電箱

紛亂的舊市區

整潔的新市鎮

送電到你家，不分你我他！

32 電筒爆炸

電經過電桿上變壓器（俗稱電筒）變壓後，再藉由架空線路，或是地下室的變壓器變壓後，與住戶自備的進屋線相連結。經過電表和總開關，繼而分開關，並沿著配置到屋內不同房間的電線，就是所稱的屋內線路，並連結插座，當然這些插座，也須按該房間可能的用電器具的需求電量，預先規劃設計，這是一般家庭的電力配置方式。但在颱風天常會聽到「碰」的一聲轟然巨響，每每發生時總會嚇壞一堆人。事實上，並非瓦斯氣爆或發生槍擊事件。那是變壓器保護熔絲熔斷之響聲，下次聽到時可別大驚小怪。

輸電線路從變壓器進到了房子內部，經過電表就到了總開關。上面有許多的開關如10A、20A無熔絲開關（No Fuse Breaker）。若是使用電力超過了負載，開關即會保護跳脫。無熔絲開關大小並不決定電流量大小，而是在於該迴路用於什麼電器，有多少正在同時使用。所以平常在使用高功率電器時盡量避免同時使用或須分散於不同的電力迴路。像是烤箱、烘碗機、烘衣機等。此外，電線迴路的設計若超過法規安全性電流，則有可能導致電線發熱，長期使用電線，絕緣會降低或龜裂硬化。一般電線走火大都是這麼來的。所以當家中容易產生跳電或是電器會燒毀等等現象均須向專業人士請教並處理。

此外，在家中的電源插座，也有一些事項需特別的注意。現今的插座設計越來越走精緻化，且安全性大為提高，除了接地及絕緣之外，甚至可以做到加蓋防水、防止異物插入、高溫自動斷電等功能。當出國旅行時，也得留意插座型式以及其電壓規格，以免無電可用或燒壞電器等。有了居家用電的正確知識，無論到了什麼地方，都可以安全便利的使用電器！

- 無熔絲開關在主電路可作電源開關控制。
- 無熔絲開關，無需更換保險絲，可增加便利性。
- 高功率電器須分散電力迴路，避免跳電或走火。

規劃設計所需用電量相當的重要

大型配電盤

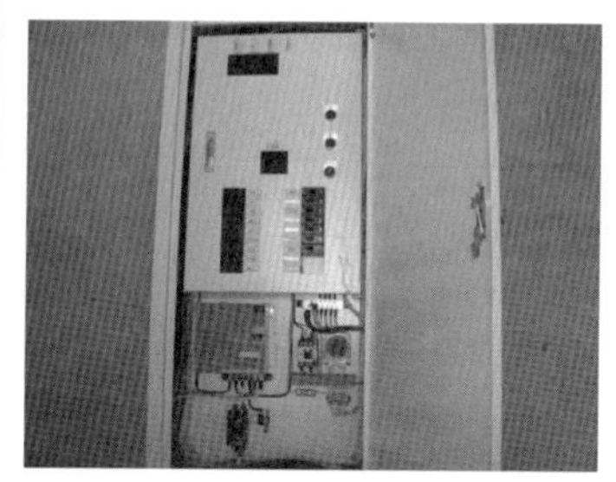

户內配電盤

常見電表

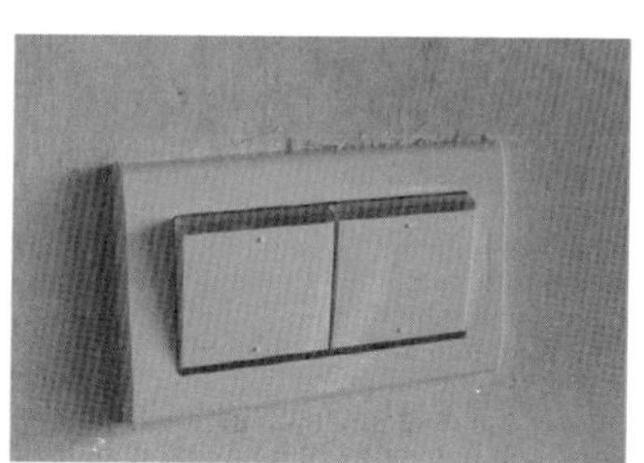

室內開關

33 電力品質——洗澡不能忽冷忽熱，用電不能有時來有時沒

電力品質是一種感覺，就像到了一家五星級飯店所享受到的服務跟一般背包客旅館就會有大大的不同。電力品質，也是一種衡量的標準，代表著一家電力公司的綜合應變及服務能力。

從使用者端來看，電力品質的好壞可以簡述為用戶對電力公司供電品質之滿意度。歸因於當不良電力品質如電壓、電流之諧波、電壓閃爍、三相不平衡，以及電壓驟降或突升等對電機、電子設備會造成危害性的影響。就像洗熱水澡一般，忽冷忽熱著實讓人傷腦筋。若以電力公司立場來看，其所定義之電力品質可以簡述為電力系統對污染源（用戶）之接受度。電力品質必須是電力公司與用戶雙方皆能接受或滿意才可，至於雙方滿意與否之界定就必須仰賴相關單位來制定對電力品質相關之管制標準。

電力品質涵蓋的技術範圍相當的大，電力中斷或電力供應不穩定或不良，對使用者來說都會造成不同程度的影響。以一般家庭來說，冰箱或是冷暖氣等是較為必須且長時間啟動的電器用品。若是電力中斷會讓人揮汗如雨或造成食物腐壞等，這損失還算輕微；如果是電腦或電信機房電力中斷，很多的通訊或網路應用服務就會中止，甚至遭到客訴或賠償事件。而工廠的機器設備，電力中斷會讓生產線停擺，或電力不良可能會造成機器設備燒毀或更大的損失。所以，在較重要的設備或應用裡加入備援系統（Redundant System）是一個很重要的概念。除了於電器設備中設計雙電源輸入（Redundant Power Input）與穩壓器（Automatic Voltage Regulator），透過不同來源的電源供應像是緊急電源（UPS）或是柴油發電機（Diesel Generator）等來讓系統的可靠度提升就是一個必要的手段。電力品質是電力系統永無止盡追求的目標。

- 電力備援系統提供另一套供應系統，使電力不中斷。
- 電力備援機常見於大樓，工廠或控制機房等。
- 可透過緊急電源或柴油發電機提升系統可靠度。

雙電源提升系統可靠度

緊急發電機

大型UPS不斷電系統

①

②

③

④

台灣發電廠分布狀況

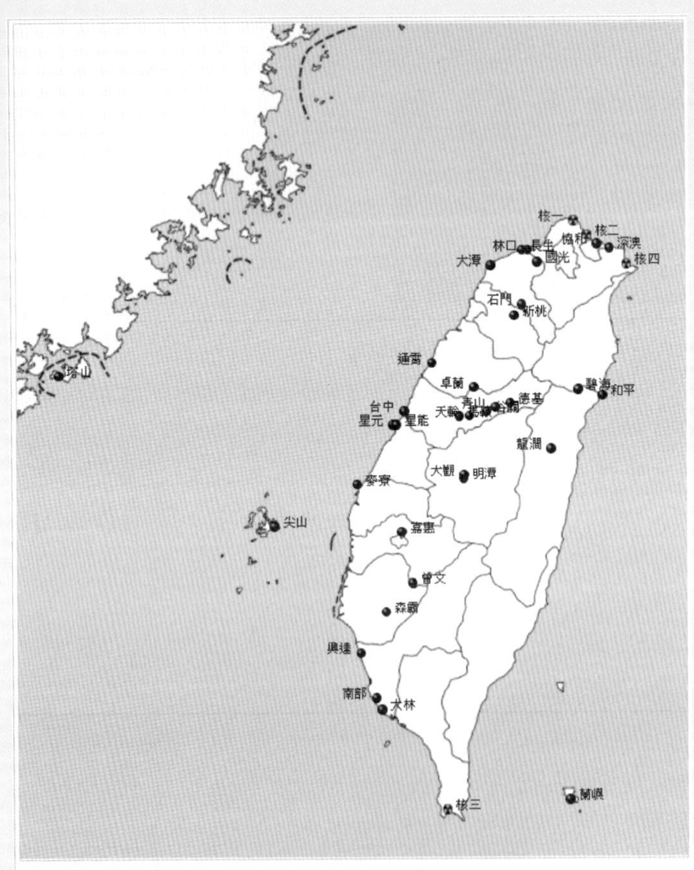

台灣電廠位置圖，☢為核能發電廠，●為火力發電廠，●為水力發電廠

台灣電力公司負責管理的核電廠

核電廠名稱	所在區域	反應爐類型	狀況
第一核能發電廠	新北市石門區茂林	2部沸水式核子反應爐	營運中
第二核能發電廠	新北市萬里區國聖	2部沸水式核子反應爐	營運中
第三核能發電廠	屏東縣恆春鎮馬鞍山	2部壓水式核子反應爐	營運中
第四核能發電廠	新北市貢寮區龍門里	2部沸水式核子反應爐	興建中

第三章
分散式發電與微型電網

畫　說　智　慧　電　網

34 發電廠離我家好遠

發電廠這名詞對大家來說都很熟悉，新聞上也常出現在抗爭的場景，但你一輩子或許從來也不會好好的去了解它或是進去參觀一回。有時，大家甚至連供應自家的電從那個發電廠來的或是自來水是從那個水廠來的應該也搞不清楚。

其實，所有的發電廠都座落在依山傍水、風景如畫的地方，像是石門、翡翠水庫等水力發電廠，都是民衆們賞景散心的好地方。或是火力發電廠、核能發電廠等，座落在台灣的海岸線上，每天都可以享受徐徐海風的悠悠然。但這些的變電站距離我們居住的地方，似乎都相當的遙遠，開車總要個一到兩小時才能到達。這也是現今電網系統的一大挑戰。發電端距離使用者太遙遠，亦或用電區域過於集中，如大台北地區等。都是造成電力系統負擔以及能源消耗的主要原因。

各國政府極力發展的再生能源如風力、太陽能、地熱能等，其座落的地方都離都會區相當遙遠。這些再生能源常興建於沙漠裡或是海上，與主要輸電骨幹線路距離更是遙遠，必須增加許多的變電站以及接入點來傳送電力，在效率以及能耗上相當不理想。這些分散式發電系統，跟都會區有限的空間有極大的關聯。換個角度來思考，與其將分散式電源放在遠方，倒不如放在自家的屋頂上，這樣的電力系統就不用翻山越嶺的將電力送到使用者端，造成電力浪費。隨著這些新能源技術的提升，以及趨於親民的價格，在未來，家家戶戶都能享受便利的自產能源。就如同自己種菜自己吃，會比市場買的更美味是一樣的道理。

- 分散式發電指的是較靠近負載端且發電容量較小的小型發電設備所組成的系統。
- 常見分散式發電有太陽能、風力、柴油發電等。
- 用電區域過於集中或疏離，易造成電力系統負擔或能源消耗。

未來電力可能自產自用

石門水庫

水力發電依地區國家不同，其發電量可佔5～30%不等。

火電廠

火力發電為世界各國最重要的發電方式，發電量可佔60～100%不等。

35 日頭赤炎炎——太陽能發電

早在遠古時代就開始使用太陽能了。陽光照射下，可以曬乾食物；在農業時代，只要陽光充足的一天，就會看到許多婆婆媽媽把棉被拿出來曝曬；在近代，國小的物理實驗課，大家一定有過一個經驗，拿著放大鏡來燒紙片，只要時間夠久、太陽夠大，不久就可以看到紙片冒煙，這樣的集熱方式並不是只適用在荒島求生或是燒熱水洗澡，更可以在下一個世紀成為最重要的能源。太陽能是取之不盡、用之不竭的能源，只要挑對合適的地方安裝，就可以源源不絕的產出電力。陽光、空氣、水，生命的三要素，陽光占了首位。

太陽能發電基本上分為數種主要的技術，其一為太陽能電池PV（Photo Voltaic），是利用太陽光子與導體或半導體中的自由電子作用產生電流，目前市面上有單晶矽、多晶矽、單晶體矽薄膜、非晶矽薄膜等技術，轉換效率約為15～25%。在陽光照射下，半導體會產生正負直流電，再透過直／交流轉換器轉換為交流電，供應至使用端。另一種發電方式為集熱式太陽能發電系統（Solar Thermal），常見的如太陽能發電塔、太陽能集熱碟（Solar Dish）、集熱陣列等，利用無數的鏡子來反射太陽光，提供熱源至水式或油式蒸汽鍋爐，產生蒸汽再帶動汽輪機組發電。

太陽能發電看似一個非常便利且合適的新能源，但在大氣層之下，許多陰雨綿綿日照不足的地區，或是進入到夜間，很難完全靠太陽能供應，投資報酬率較低。此外，發電效率低落、轉換率太低，且太陽能板壽命有限，大約是10至30年，在技術上都有待工程師來克服。而太陽能電池在製作時所需使用的大量矽、鍺、硼可能會造成其他方面的污染，也是一個必要重視的議題。再者，太陽能板的價格不是一般老百姓所能夠負荷，不如先在屋頂上裝個太陽能熱水器吧！

- 太陽能一般是指太陽光的輻射能量。
- 分為太陽能電池PV及集熱式太陽能發電系統兩種。
- 石化燃料有時也被稱為「遠古的太陽能」。

太陽能易受到地區限制及時間限制

太陽能板

太陽能熱水器

資料來源：經濟部能源局

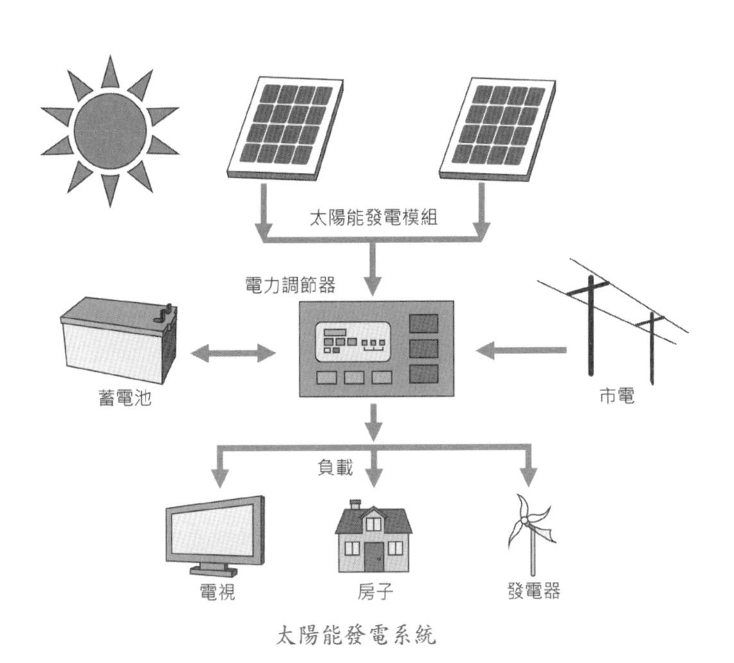

太陽能發電系統

36 輕風涼呼呼——風力發電

風的產生，來自於地球的自轉以及空氣的大範圍運動所造成。風力發電跟人們玩的風車原理如出一轍。但為何風車會轉呢？歸功於白努力（Daniel Bernoulli）先生的發現。白努力定律簡單的說就是「流體流速愈大壓力愈小」，飛機能飛在空中即利用此原理。風車的原理如出一轍，利用壓力差造成風車葉片的轉動，再帶動發電機組來產生電力。

風力發電跟太陽能一樣屬於乾淨能源，不會造成任何的污染也不會產生溫室氣體。但這樣優秀的發電方式卻存在兩個極大的缺點。第一，相較傳統火力發電，產出的電力不為恆定，當無風時，不但無法供給電力，還得從既有的電網取得電力維持一些基本操作。第二，一座大型燃煤火力電廠約可產生800～1200MW，一部大型風機約為0.5到1.5MW。風力發電與傳統火電，發電的能力差別相當的大。也就是說，要建構一個風力發電廠必需要找到一塊足夠大的基地，能夠容納1000部風力機組，這麼多的風機要占用相當多的土地面積，且對於景觀及自然生態影響亦大。在地狹人稠的台灣，風力發電的建置尤其困難。近來國外多將風力電場設在海上，加以集中管理然後透過海底電纜將電輸送回陸地上使用。台灣也多將風力發電機組設置於海邊或是離島，減低對環境及人們的影響。

隨著技術的進步，風力機組均朝向大型化發展，使扇葉能擁有更多的受風面機並提高發電量，塔柱甚至可以超過一百公尺高。以一層樓三公尺來計算，那就是一棟三十三層的超高大樓了，放眼全台灣也沒多少座這樣的超高大樓，若擺了上百座在海岸邊，想不被注意都很難。台灣就這麼小，風力發電的未來還有許多的變數待克服，或許廣大的太平洋，是好的解決方案。

- 目前風力發電機之發電量最大的國家為中國，其次為美國及德國。
- 台灣約只有1%的電力是來自於風力發電。
- 國外將風力電場設於海上，透過海底電纜輸送回陸地。

風力發電量不穩定且占空間有待克服

離岸風力發電

大型風力發電場

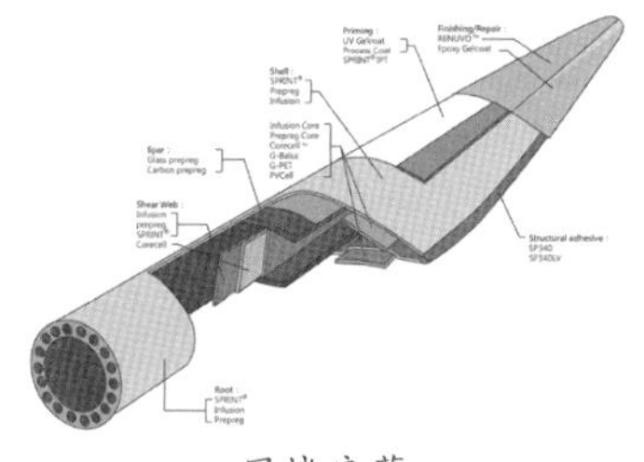
風機扇葉

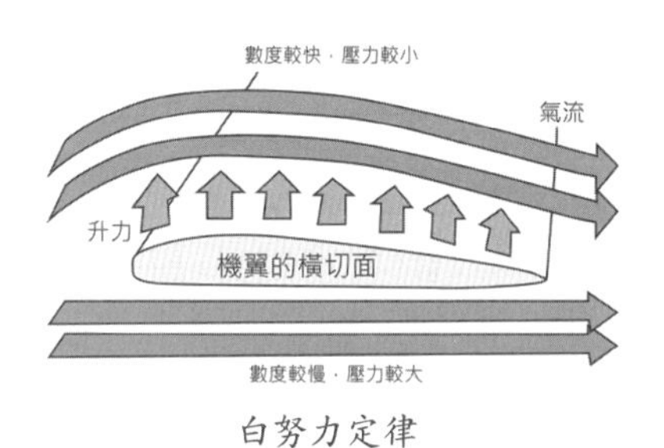

白努力定律

37 微風力、水力發電系統

風力發電相較於傳統火力發電，其發電量較低且不穩定，但相較於太陽能發電，發電量有過之而無不及。但地點的選擇卻較太陽能來的困難。最近在一些公共景點、大型企業等常可以看到一些小型的風車在屋頂上，其運作與一般的大型風力機組不同，改為垂直軸的轉動方式，只需要很低的風速下就能夠轉動發電。在綠建築的概念下，對降低公共用電的支出以及偏遠地區用電助益頗大。近來常可發現太陽能與微風力發電機的組合應用，讓其發電效能更為提升。

現今微風力的技術已經可以做到約3～5m/sec的風速下即可開始發電，比較起大型風機，其運轉的彈性較高。若是颱風天或風速太高，風機亦可自行踩煞車停止，其主要機構為葉片（Blade）、低速發電機（Generator）、變速齒輪（Gear）、自動控制系統（Control System）、塔架（Tower）等，透過光纖網路的傳送，工程師可以掌握整個風場（Wind Field）的發電狀況。未來若較為普及化且價格合理化之後，家家戶戶、大小公園或是公司行號都可以在屋頂上設置風力發電機，從長期投資的觀點來看，不但可以節約用電成本亦可降低電網負擔，一舉二得。

另一方面，水力發電不僅只是三峽大壩這樣宏偉的水利工程，微水力發電亦是一個新興的議題。在有一定水頭落差的地方，通過築壩來攔集小溪流水，水流經過引水渠流入壓力前池，經引水管進入機房內的微水力發電機組，推動水輪帶動電機發電，然後通過輸電線供給用電戶。就像農業時代，水車曾是許多費力的工作的解決方案，如磨麵粉、搗米、紡織、灌溉農田等。現在的水車，多半座落在高級餐廳裡，負責製造潺潺水聲及浪漫氣氛。用水車來發電，在許多偏遠且供電不易的地區，或許是相當不錯的方式。

- 微風力發電機的發電量依風速的不同有所差異。
- 其發電電量與太陽能差不多，但地點選擇較困難。
- 水力發電可運用於供電不易之偏遠地區。

垂直軸微風力風機只需低風速就可轉動發電

在水頭落差之地就可以進行微水力發電

微水力發電

微風力發電機

38 溫泉鄉的能源——地熱

泡溫泉是一個美好的經驗，不論是碳酸泉或是硫磺泉，在大自然溫暖的滋潤下，各種疾病或酸痛都能得到解除。溫泉除了養生之外，溫泉煮蛋或其它溫泉料理，總是讓人食指大動，嚮往不已。溫泉，其實就是地熱能的展現，也是地球內部巨大能量的微量釋放。但目前世界上，只有少數特定地區能夠使用地熱發電（Geo Thermal）。如身處歐洲西邊的冰島就將地熱資源使用的淋漓盡致。在台灣，從北到南不乏各大大小小的溫泉區，若能將地熱加以開發，其發電量可與數座核能發電廠的總發電量相比。只要該地熱區熱源穩定，值得開採。且地熱發電成本約為核電廠的一半。

全世界地熱資源主要分布於環太平洋兩岸的火環帶，而我國正位處其中，相當適合開發地熱來發電。目前台灣是使用實驗的地熱發電廠，採直接取用地下蒸氣來旋轉汽輪機發電的蒸氣發電法。另外還有從地面將水送入地下產生蒸氣的方法，即使地下沒有蒸氣儲存層的地方，仍然可以發電。目前地熱發電技術有地熱蒸汽發電系統（含乾蒸汽式、閃發蒸汽式）、熾熱岩發電系統、雙迴圈式發電系統、全流式發電系統等。

開採地熱能目前仍有許多問題上有待突破，如熱效率低、地熱水含大量礦物質易侵蝕設備，排出的氣體含有毒物質等。此外，鑽井技術也是相當重要的一環，地熱井的鑽探是開發地熱能的一項重要關鍵。如電影「世界末日」（Armageddon）中，布魯斯威利很帥氣的將在地球上鑽油井的技術用在外太空，將小行星炸碎後，成功的解救全人類免於滅亡的危機。地熱是一種無窮無盡的地下能源，若能妥善的利用並加以開發，勢必成為再生能源中的主角。

- 溫泉（Hot Spring）是最常見的地熱資源。
- 依成份來分，常見有碳酸泉、硫磺泉、熱泥泉。
- 目前開採地熱能技術上仍有待突破。

地熱發電仍有許多技術有待突破

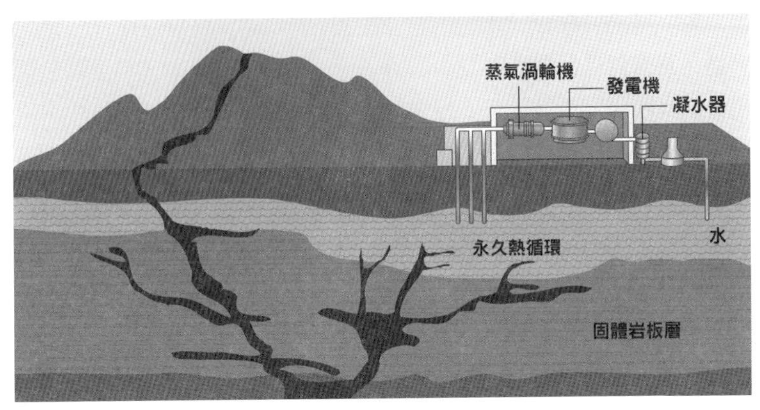

地熱發電流程

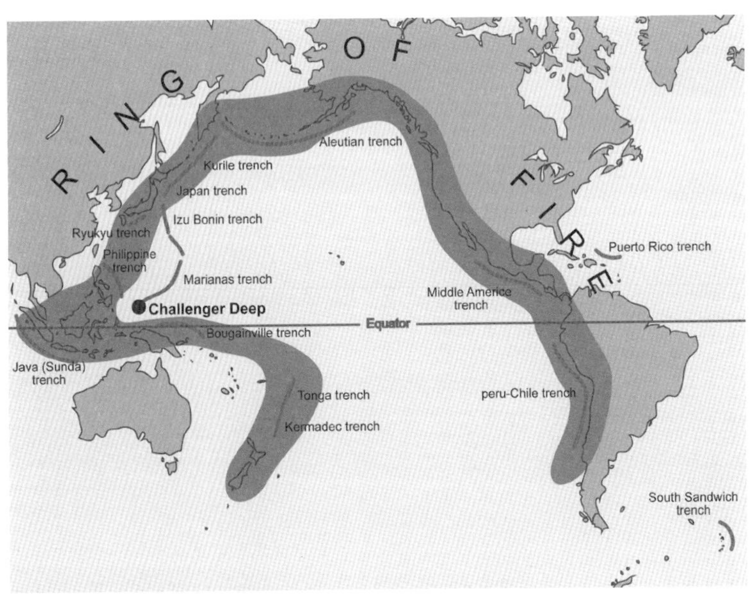

地熱資源：環太平洋火環帶

39 搞懂化學實驗，高效率的燃料電池

燃料電池（Fuel cell），是一種使用燃料進行化學反應產生電力的裝置，最常見是以氫氣為燃料的質子交換膜燃料電池，由於燃料價格便宜，對人體無化學危險且對環境無害，發電後產生純水和熱。燃料電池是一個電池本體與燃料箱組合而成的動力機制，其燃料選擇性非常高，但氫氣為目前研究及實用上較廣泛的一種燃料，而以氫燃料電池做為汽車的動力，已被公認是廿一世紀必然的趨勢。燃料電池是以化學反應的電效應來進行發電，將具有可燃性的燃料與氧產生化學反應後產生電力。一般可燃性物質都要經過燃燒加熱鍋爐使水沸騰，產生水蒸氣推動汽旋渦輪機發電，以這種轉換方式大部分的能量通常都轉為無用的熱能，轉換效率通常只有30%左右。反觀燃料電池以特殊催化劑方式使燃料與氧發生反應產生二氧化碳（CO_2）和水（H_2O），能量轉換效率高達70%左右，足足比一般發電方法高出了約40%。簡單來說，燃料電池是一種直接將燃料之化學能轉換為電能的裝置，運作原理可解釋為水電解的逆反應。

就像國中理化實驗裡用檸檬或橘子測試導電度一樣，燃料電池的電極（electrode）是燃料氧化與氧化劑還原的電化學反應發生的場所，可分為陽極（Anode）與陰極（Cathode）兩部份；電解質薄膜（electrolyte membrane）的功能是分隔氧化劑與還原劑並傳導質子，集電器（current collector）也可稱作雙極板（bipolar plate），它具有收集電流、疏導反應氣體以及分隔氧化劑與還原劑的作用。當氫氣燃料由陽極進入，氫氣會被觸媒分解成為氫質子與電子，藉由產出的電子流動而產生電力。另外一方面，氫質子則穿過電解質與從陰極來的氧氣，加上迴路電子結合之後產生水和熱。搞懂化學，用最簡單的方法處理最困難的問題，才是王道。

- 燃料電池的原理為氫與氧的結合，產生水與熱。
- 燃料電池透過電解的方式可還原為氫跟氧。
- 以太陽能板電解出燃料電池所需燃料，其效率有待提升。

乾淨且無污染的發電方式

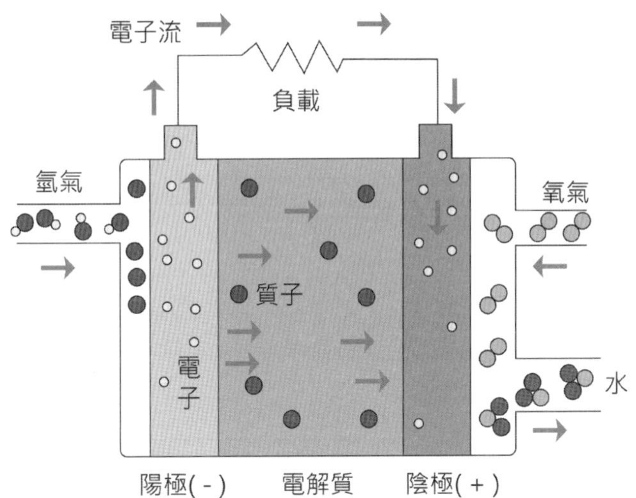

燃料電池原理

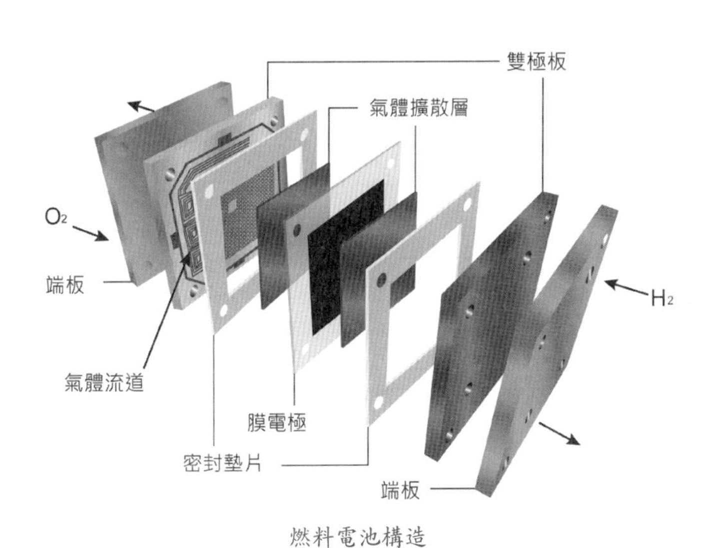

燃料電池構造

40 當玉米都變成了燃料，那人們要吃啥呢？

生質燃料（Bio-Fuel）是一個爭議性很高的再生能源。簡單的說，就是利用地球之母「土壤」來生產可以製造柴油或是乙醇的植物。生產生物柴油的原料並沒有限制，往往根據各地區可以得到的原料種類不同而有所差異。大豆、玉米等能吃的食物或稻桿、麥桿等不能吃的部份或不能吃的植物如痲瘋樹、椰棗樹等。而生質燃料充其量只能說是「碳中性」的產物，而稱不上乾淨能源。這主要因為植物油的採購、運輸、儲存以及提取生物柴油生產的過程都會產生碳排放，且最後還是得透過燃燒產生電力或車輛的動能，跟燃燒石化燃料並沒有不同。

當使用生物柴油越來越多時，會讓許多原本生產食品的農地改種植經濟作物，可能造成糧價上漲，而開墾新的農地則會破壞生態且會產生大量的碳排放，在環保及經濟價值來看並不划算。當玉米都變成了燃料，那人們要吃啥呢？許多的環保人士及國家紛紛擔憂起這樣的問題。

可能避免負面效應的方法是採用替代性的植物來生產生質燃料。如痲瘋樹本身富含油脂，其不但產油效率佳，而且可以在貧瘠缺水的環境生存，換句話說就是可以利用無法種植作物的土地。此外，未來亦可能利用藻類來生產生質柴油，以增加生質能源效率，和減輕生質能源可能對農產品生產或價格的影響。除了技術上還需突破外，由於生產的特殊藻類很可能是基因改造品種，因此預防這些藻類干擾目前的生態系統也是另一個課題。

最近有學者把腦筋動到了廢棄油上，像是快餐店炸薯條的食用油或家中炒菜的沙拉油都可以過濾及提煉，當做柴油的替代品，如果科技真能得到突破，這些廢油都能轉化為燃料使用的話，那該有多好。或許，香噴噴的豬油拌飯也能當成燃料也說不定。

- 生質燃料原料如大豆或玉米可製造柴油或乙醇。
- 其製造過程因採購、運輸等，皆會產生碳排放。
- 近來有學者提出以使用過的食用油提煉柴油。

以生質燃料做為燃料的混合燃料車

混合燃料車

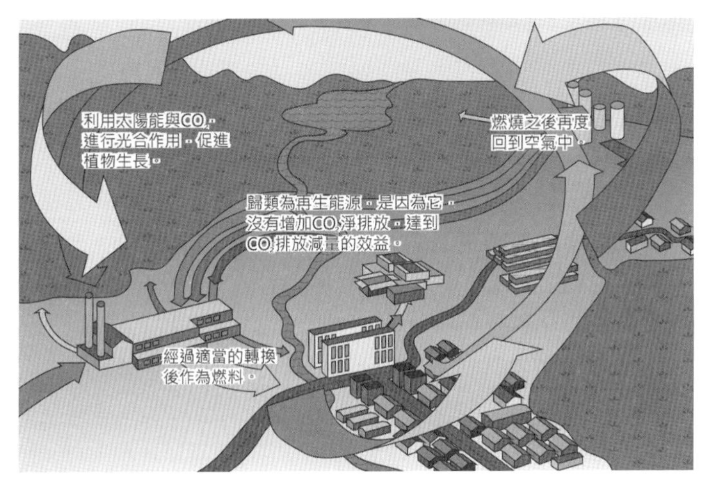

生質能源流程

椰棗樹果實產量高，是中東一些國家的重要出口農作物，其營養價值高，亦被稱為沙漠麵包。植物本身含油性高，可用來提煉生質燃料。

41 人類能源的新希望——可燃冰

可燃冰又稱天然氣水合物，簡單的說就是固態的天然氣，可燃冰的學名為「天然氣水合物」，是天然氣在0℃和30個大氣壓的作用下結晶而成的「冰塊」。其成分中甲烷佔80%至99.9%，可以直接引火點燃，燃燒時幾乎不會產生任何有害的污染物質，是一種相當乾淨的能源，比起燃燒煤、石油、天然氣等石化燃料污染小的很多，廣泛存在於地球上各個角落或是深海，儲量相當的可觀。科學家預估，在深海底可燃冰分布的範圍約4000萬平方公里，佔海洋總面積的10%，海底可燃冰的儲量足夠人類使用1000年之久。按照目前石化燃料的消耗速度，再過50至60年，世界上的石油資源將消耗殆盡，且無法再生。這也使得可燃冰有望成為新世紀能源的物質且被廣泛的討論及研究。

如果要開採埋藏於深海的可燃冰，目前還面臨著許多問題有待克服。有學者認為，導致全球氣候暖化的影響方面，甲烷引起的溫室效應比二氧化碳要大10到20倍。可燃冰礦藏哪怕受到最小的破壞，都足以導致甲烷氣體的大量洩漏而造成溫室效應及地球升溫。甲烷這種乾淨能源，也是「沼氣」中的主要成份。來源除了海洋、永凍層和一些濕地之外，也來自人為的污染。簡單來說，許多的甲烷是來自人類跟動物們排放的「屁」所產生。

在台灣，垃圾掩埋場封閉後，還有其他用處。座落於盛產牛角麵包的新北市三峽區，山員潭子掩埋場設置了全國第一座的微型氣渦輪（Micro Turbine）沼氣處理發電設施，利用回收沼氣進行生質能發電，不僅提供了潔淨的「綠色能源」，也為原本棘手的掩埋場沼氣污染提供了回收再利用的多重效益，相信未來沼氣發電一定會更加的蓬勃發展。

- 可燃冰又稱「天然氣水合物」。
- 可燃冰燃燒後幾乎不會產生汙染物質。
- 開採可燃冰現階段有許多問題待克服。

沼氣也可用來發電

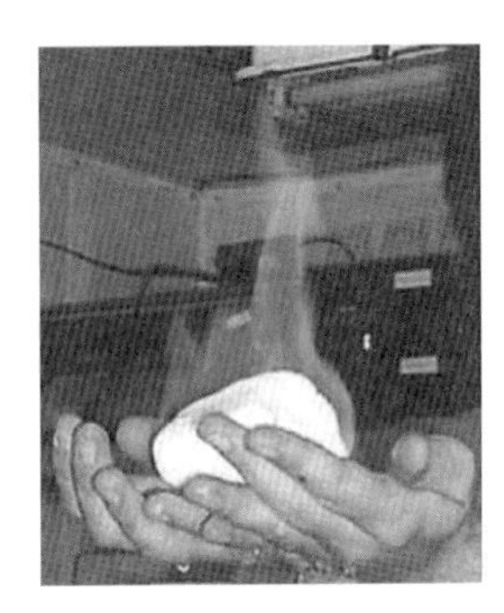

加拿大研究人員採集的可燃冰

資料來源：加拿大通訊社。

甲烷，化學式CH_4，是最簡單的烴（碳氫化合物），其由一個碳和四個氫原子所組成，家中的天然氣主要成份就是甲烷。

42 創新思維，沒有所謂的不可能！

綜合了許許多多的新能源及發電方式，每一種都存在著部份的限制以及優缺點，是否人類還有更創新的方式來獲得未來的能源呢？答案是有的，除了在既有的能源上，持續的精進開發與提升效率之外，在新能源的探索亦不容停步。一些天馬行空的想法，看似瘋狂但也不容忽視。

風力發電，受限於風速以及天候，若是把風力發電機架到大氣的對流層與平流層之間，高空噴射氣流相信會讓風機轉個沒完沒了，或是像愛放風箏的富蘭克林，風箏一路放到對流層上，風箏表面還是塊大太陽能板，一舉兩得；嫌太陽不夠大，或有白天夜晚的限制，那就把太陽能板裝在外太空，然後拖一條電線接到地表上來，就像人造衛星一樣，能夠源源不絕的使用太陽能發電；嫌地表太熱嗎？那就將城市建在太平洋底下吧？就像消失的亞特蘭提斯一般，終日與悠游的魚群為伍，就近使用可燃冰做為燃料。怕地球發燙嗎？那就在南北極鋪上數以萬計的鏡子，將太陽光反射回太空。在水泥叢林的都市裡悶熱難耐，何不將所有的大樓屋頂都連接起來，在屋頂上建構大花園或是菜園呢？這些想法，看似瘋狂，但都是一些科學家為了全人類努力的方向。

電影《阿凡達》中，地球資源耗竭後，人類往外星殖民，大量的採集外星球上的礦產，也讓可憐的納美人無家可歸。當然，正邪總是不兩立，納美人打贏了戰爭，貪婪的人類被趕回地球。雖說是電影情節，但是向外星球尋找資源，並不是不可能的事。當阿姆斯壯（Neil Alden Armstrong）登上月球時，他的一小步是人類的一大步。在可見的未來，或許會有許許多多的地球人在月球上散步呢？沒有所謂的不可能，當人類資源匱乏之時，總是會積極的突破自我來找尋新的機會，這就是人類的潛力。

- 風力發電或許可置於大氣對流層與平流層間。
- 太陽能發電可將太陽能板裝在外太空。
- 為能就近使用可燃冰，直接將城市建於海底！

尋找創新方式獲取新能源

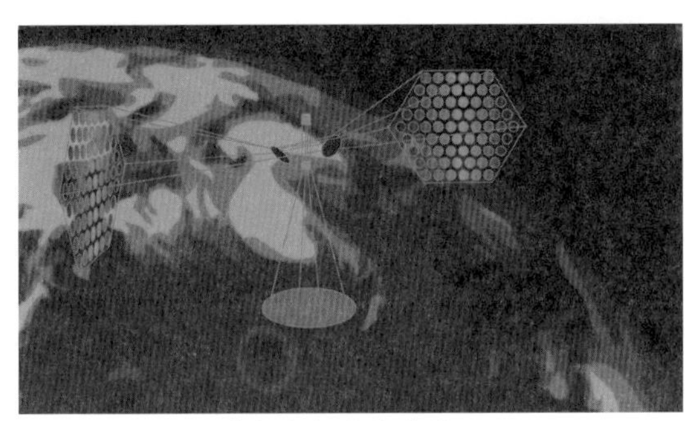

外太空太陽能發電

巴林世貿大樓風車

電影阿凡達劇照

地球工程（氣候改造、地球掃描）等

43 自給自足——微電網

在分散式發電與儲能技術的推展下，微電網（Micro-Grid）在智慧電網中是一個新興的議題，必須可在孤島運轉及並聯運轉之間無縫轉換，且平穩無誤的與大電網併網與切離。此外，還需要當有新的微電源併入時不致對現行系統造成影響。在理想的微電網架構中，設備之間是對等互連的，即使無主控設備亦能運作且即插即用（Plug & Play），這樣才能無縫整合，提高系統適應性。

在微電網的研究上，目前遭遇到一些問題。一為分散式電源的不穩定。太陽能及風力發電容易受天候及環境影響，造成發電不穩定。間歇性的供電也可能影響大電網的供電質，電力公司在考量用電安全及供電品質之下，必須謹慎的面對微電網的應用及併網技術的挑戰。未來隨著小容量分散式電源的裝機比例增加，微型電網將分散在全國各地，甚至各大小離島。在系統管理以及通訊整合都是一大挑戰。且若要將各區域的微型電網併入傳統大電力網中，如何進行分散式電源整合運轉控制，就成了非常重要的課題。

在農業時代，自給自足是一個相當基本的需求，若不能兼善天下，至少也要獨善其身。微電網就是在這樣的概念下產生。當用戶能夠自己發電自己使用，且可以自行管理與維護，那就能自給自足，也就是所謂的「孤島運作」。但以現今的小型發電系統，如柴油發電機、風力、太陽能等均無法達到恆定的輸出，所以當天候不佳或發電不足時，亦需連結到大電網來取得電力，也就是「併聯運轉」。人類的文明在幾世紀以來達到了一個巔峰的狀態，對電力的需求有增無減。倘若人們所需的電都必須靠自己生產，在有限的資源下，勢必會更加珍惜所獲得的能源。

- 微型電網可進行「孤島運轉」和「併聯運轉」。
- 微電網設備互相連接整合，提高系統適應性。進行「分散式整合運轉控制」為重要課題。

電力自給自足，人們才會懂得珍惜能源

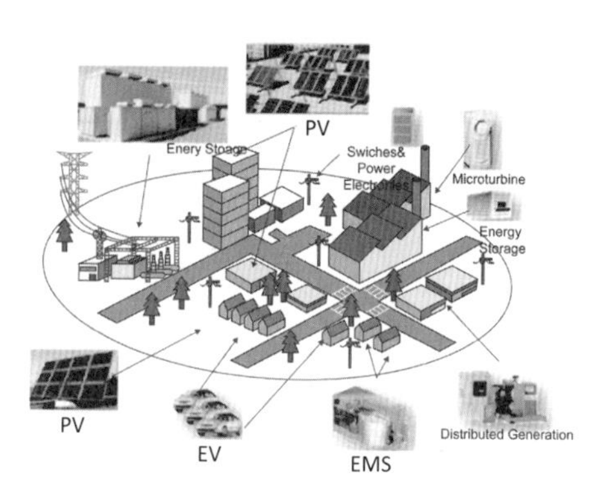

微電網運作模型

自己發電自行使用為「孤島運轉」；各發電系統因電力不足而連結大電網取得電力，稱為「併聯電轉。」

44 移動式電網

在2011年日本311大海嘯引發的核安事件中，用以維持核電廠運作的緊急發電系統全部停擺，造成反應爐溫度不斷升高及輻射外洩，即便核電廠的設計有多套的緊急備用系統，依然敵不過大自然的力量。後來，透過其它電廠連接過來的外部電源，福島核電廠終於恢復正常運作，將反應爐的溫度降低。從這事件中，可以看見另一個重要的趨勢就是移動式電廠（Portable Power Plant）的概念，那裡需要電，電廠就搬到那裡。

最常見的移動式發電，莫過於柴油發電機了。當夜幕低垂時，一盞盞的燈光及攤販的叫賣聲讓夜市熱鬧了起來，柴油發電機也轟隆隆加入戰局增添熱鬧氣氛。那裡需要電的地方就有它的出現。另一方面，移動式的核電廠正大行其道。供應民生用電的核電廠都得建在能取得水源的海邊或大河邊，當遇到天然災害時卻只能被動的抵擋而無處可逃。雪國俄羅斯正在積極的發展海上核能飄浮電廠，主要目的是協助偏遠地區的石油探勘、開採，這是以高風險的核子反應爐延續我們對石油的依賴。美國亦開發浮動核電廠供應海水淡化廠來產生淡水。在未來，任何有需要的落後地區或是重災區，都可以透過浮動電廠來協助供電。

許多專家質疑移動式電廠易遭受恐怖攻擊或是海盜的襲擊，但可移動的使用彈性是固定式的電廠難以望其項背的，且當達到使用年限後，可以輕易的拖運移除。而傳統的固定式電廠，不但無法移除，更會讓土地永遠無法再利用，就像毛毛蟲啃食樹葉一樣，核電廠用地正不斷侵蝕掉各核能國家可用的土地。除了核能電廠之外，再生能源的移動彈性亦是研究重點，像是移動式微風力發電機、輕便組合式太陽能板等。移動式發電，彈性又方便。

- 移動式（Portable）觀念已使用在許多工業應用。
- 常見有石化的移動式鑽井船、移動式倍力橋等。
- 夜市攤販使用的柴油發電機即是一種移動式發電。

移動式電網

核子動力航空母艦

海上浮動電廠

未來的核子動力飛機

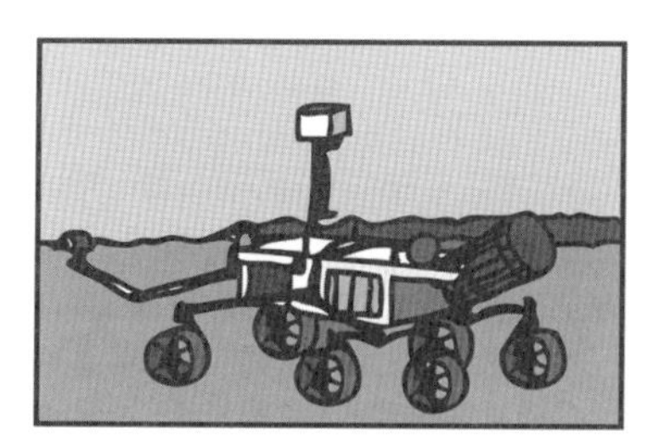
好奇號火星探測器

好奇號為美國第四個火星探測器，是一輛汽車大小的火星遙控設備，採用核動力驅動，使命是探尋火星上的生命元素，於2011年11月26日23時2分發射升空，隨後順利進入飛往火星的軌道，並在2012年8月6日登陸火星。

45 電力儲存大不易

電是目前世界上最便利使用的能源，但是電的儲存問題，是個有待克服的難題。每當手機或筆記型電腦電池耗盡時，總讓人心情煩躁。若颱風天或大地震停電時，那可就不是煩躁而已，而是生活頓時陷入了困境。在現今的發電系統中，發電廠不敢輕易的停用或是啟用機組，就是因為供應與需求的不平衡且無適合的大型儲能裝置，以致於讓大量的資源平白的被浪費掉。

此外，於智慧電網的一環——分散式發電系統中，普遍應用的風力與太陽能發電等，易受自然條件影響而無法穩定供電，雖然目前占的比例仍低，但學者專家曾經測算過，如果該國家風力發電比率達電網容量20%以上，則電網的調峰能力和安全運行將面臨巨大考驗，而電力儲能技術恰可在很大的程度上解決了風力和太陽能發電的隨機性、間隙性和波動性等問題。透過儲能裝置可以實現系統供電的穩定輸出，並能有效調節因發電引起的電網相關參數波動，使大規模風力發電和太陽能發電能方便可靠地併入大電網中。

電的儲存目前來說，並無最適切的方式且儲存容量大多有限制，儲能技術主要分為物理類的儲能和電化學儲能。物理類儲能如：抽蓄水力發電廠將電能轉換為勢能或是壓縮空氣來儲能等；化學類儲能如：燃料電池、鉛酸電池、鈉硫電池、釩電池、鋰電池等。此外，飛輪（動能電池）、超導儲能技術、開放式循環氣體渦輪亦是新一代儲能技術的開發方向。不過，在各種儲能技術中符合乾淨能源的要屬電化學儲能技術，在現今儲能系統中，占有相當高的比重。

此外，如果要儲存電能，尺寸是其中一個關鍵。手機的電池輕薄短小，可以待機數天到一週，若儲存的電能要供應幾戶人家用電一週，那可能要另蓋一間大屋子才裝的下了。

- 電池是將本身儲存的化學能轉成電能的裝置，一般分為乾電池和液體電池等。
- 亞歷山德羅・伏特在1800年發明了電池，又叫伏打電池（voltaic pile）。

儲能裝置提供再生能源電力穩定輸出

新能源儲能系統

智利變電站儲能系統

儲能系統的發展，目前可依其供電能力及供電時間，分成許多等級，供電能力越強，體積越大，造價高昂且不夠環保是目前還需克服的難題。

46 Test Bed新技術測試場

智慧電網測試區（Smart Grid Test Bed）是一個相當重要的投資。世界各國的電力系統均已使用了數十年或百年之久，系統複雜度高且無法輕易的停機或是轉換，若要將新技術導入既有的電網系統，其風險與難度相當地高。新技術測試場的建立與實測對於降低投資及上線導入的風險相當重要。此外，新技術測試場的選定也必須經過相關的評估及調查，該地區於電力的基礎建設須相對強固，且該地除了必須應付基本的工商用電之外，還必需有足夠的備載能力，以利未來相關電力系統測試需求，通常，離島或新興城鎮或是偏遠的沙漠或郊區等會是較為適合的地點。

有鑑於此，世界各國紛紛設立新技術測試場來測試其新能源技術。在台灣，其設立於新北市樹林區台灣電力公司以及核能研究所，用來進行先導測試計畫，像是AMI智能讀表、智慧建築、再生能源等。另外，在日本Rokkasho，TOYOTA、HITACHI等大公司也在此設置新技術測試場進行EV電動車，太陽能及風力等再生能源、智能居家（Smart Home）等測試。在韓國濟州島（Jeju Island）——一個火山形成的小島，有著美麗的風光與韓劇大長今的倩影。在其計畫中，分成智能型電力網、消費者、運輸、新再生能源與服務等部分，由韓國電力公司主導，許多的電力設備大廠也紛紛投入開發計畫，以研究電網技術（Research & Development）與事業模式（Business Model）。濟州島是目前世界上最大型的研究測試基地。

大家都有影印文件的經驗，當要印刷一千份之前，一定會先印個一兩份，確定排版、字型跟顏色等規格都符合需求後，才會大量輸出。Test Bed就像大量印刷前，印個幾張先瞧瞧一樣，即使印錯了也不至於損失慘重。

- 台灣的Test Bed於新北市樹林區台灣電力公司和核能研究所。
- Test Bed能進行AMI智能讀表、智慧建築及再生能源測試。
- 韓國濟州島是目前世界上最大型的研究測試基地。

Test Bed用以測試新能源技術

韓國濟州島Test Bed計畫

日本TOYOTA Smart Grid展示計畫

台灣台南市安南區人間清境社區獲選為南部測試智慧電網和家庭電能管理資訊系統的示範場域（Test Field），預計擇選五十戶設置，住戶可以上網了解家庭用電狀況，以改善用電習慣，減少不必要的電力浪費。

台灣風力發電廠之發電量

台灣的風力發電能量密度含量居全球排名第二（第一是紐西蘭），特別為桃園到雲林沿海一帶，由於有強勁的夏季西南氣流與冬季東北季風吹襲，可建置地亦少，因此成為台灣發展風力發電之最佳地點。目前，台灣有經營風力發電廠的公司除國營的台灣電力公司外，民營亦有德商英華威（Infravest）等公司。

風力發電廠		發電量（瓩）	數量	總和（瓩）
新北市石門	台電一期	606	6	3960
桃園縣大潭電廠	台電一期	1500	3	4500
桃園縣大園與觀音	台電一期	1500	20	30000
	英華威	2300	19	43700
新竹市香山	台電一期	2000	6	12000
新竹縣竹北		2000	5	10000
新竹縣竹北春風		1750	2	3500
新竹縣新豐				20000
苗栗縣大鵬		2000	21	42000
苗栗縣竹南		2000	3	6000
		1000	1	1000
臺中市台中電廠	台電一期	2000	4	8000
臺中市台中港	台電一期	2000	18	36000
臺中市大安區	英華威	2300	20	46000
彰化縣線西與崙尾	台電二期	2000	23	46000
彰化縣彰濱工業區	英華威	2300	45	103500
雲林縣麥寮	台電二期	2000	15	30000
雲林縣四湖	台電二期	2000	14	28000
臺南市北門		1750	2	3500
屏東縣恆春	台電一期	1500	3	4500
澎湖縣中屯		600	8	4800
澎湖縣湖西		900	6	5400

第四章
智慧用電

畫 說 智 慧 電 網

47 用多少電，電表告訴你——自動讀表系統AMI/AMR

電表，就是家家戶戶門邊都可以看到的圓球狀計價裝置，上面還有許多的指針跟數字。電表平常就靜靜的待在家家戶戶的門口或是地下室，沒有人會特別注意到它。只有當每個月收到電費帳單時，懷疑自己眼睛所看到的數據之後才會去自己親自去查詢電表度數。就好像家中的滅火器，只有需要時才會被多瞧個兩眼，要不然連過期了都可能不知道要更換。

從這裡就可以知道，傳統的電表過於依賴人工抄表導致精準度與即時性都不佳，容易造成錯誤與紛爭。智慧電表（Smart Meter）在智慧電網系統中是一個相當重要的基礎建設，當資訊的收集可以深入到每個用戶時，精準度與即時性才能有所提升。此外，透過雙向（Bi-Direction）資訊網路的加值，智慧電網不但可以收集用戶使用的資訊也能加以管理及更改設定等，這樣的系統才可稱得上「聰明」。

電表裝置跟用戶的荷包有直接的連結且重要性高。夏令時節，冷氣常常一開就捨不得關，電費的累積也往往十分嚇人。自動讀表系統（AMR）以及自動讀表基礎建設（AMI）就成了智慧電網中最熱門的話題。透過資訊收集器（Data Acquisition Sensor）或集中器（Concentrator）可以將各終端用戶的資訊加以收集，再透過通訊模組將資料傳送到遠方的伺服器。而遠方的伺服器也不光是做資料收集及儲存，透過資料庫軟體將客戶的資訊長期累積並加以分析，透過軟體功能再繪製成該用戶用電曲線，讓客戶可以一目了然用電習慣及使用狀況，還可以配合時下最流行的手持式裝置應用軟體（Apps.）將用戶的用電資訊即時傳遞，讓用戶可以對其用電情況更加的關心。此外，知之為知之尚且不足，知之要節約之才是最終的目標。

- 智慧電表是智慧電網系統中重要之基礎建設。
- 自動讀表系統和自動讀表基礎是現今最熱門話題。
- 配合手機App供下載，能將用戶資料庫即時傳遞。

自動讀表是智慧電網的基礎

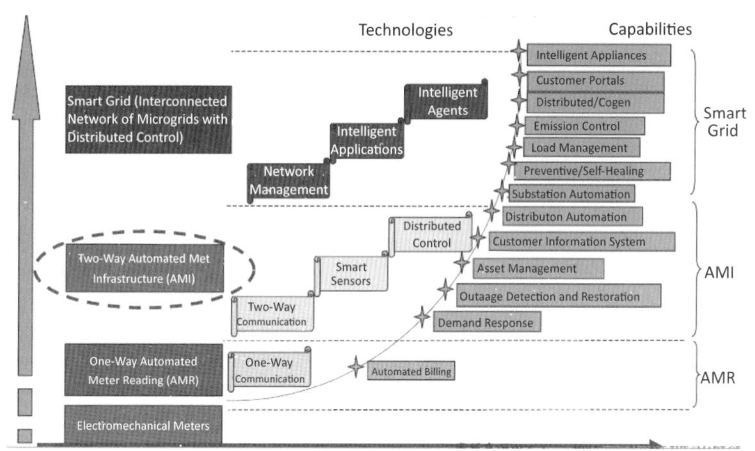

自動讀表系統推展計畫

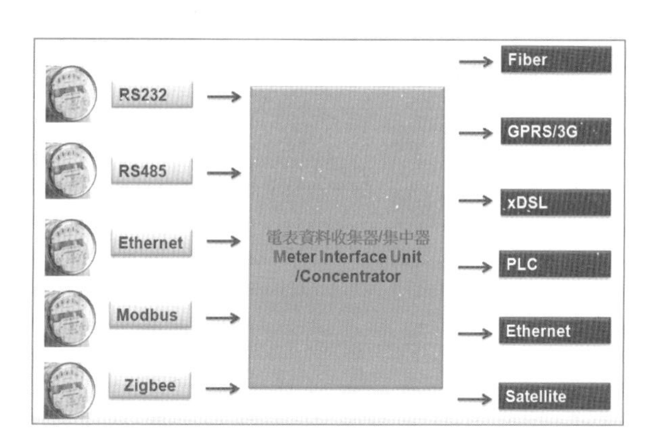

自動讀表系統的通訊協定轉換

智慧電表（Smart Mater），就是將數位式電表結合通訊傳輸裝置，達到雙向通訊及即時資訊收集的目的，可說是智慧電網的第一步，相當重要。

48 省錢達人——即時電價、差異電價、獎勵電價

在智慧電表的應用中，即時電價資訊與差異電價是相當重要的部份。在雙向通訊網路的建置之下，差異電價就能得到實現，使用者可以利用減價時段用電來節省電費的支出。目前在台灣的電價區分為住宅用電、商業用電以及工業用電等，比起臨近各國尚稱合理。此外、台灣電價亦區分夏月電價及非夏月電價，且有離峰與尖峰時段之分。倘若電力公司都能讓用戶們清楚了解這些的差異點，讓其能夠專注於自己的荷包，節約能源的效果才會展現。

網路時代，訊息的即時性是相當重要的，像是臉書（Face book）、MSN等能夠進行即時溝通及傳遞訊息，讓忙碌的現代人能夠即時掌握最新消息及溝通情感。當然，在資訊爆炸的年代，人們所關心的事情是有所選擇性的，有人希望即時掌握股票資訊，有人希望即時知道情人在做什麼，有人希望即時知道小朋友或長輩的健康及安全狀況等。即時電價相較於天氣或每日星座運勢，在現代人眼中似乎沒那麼重要。美國電網營運公司（PJM Interconnection）和賓州大學都市研究所共同架設的網站，取名為電價計時器（Electricity Price Ticker），提供美國賓州東南部區域的批發電力價格資訊，以每5分鐘更新一次的速度加上生動的圖示讓消費者了解電力如何生產以及如何連接到日常生活，也達到教育民眾的目的。未來再加上移動式裝置上的Apps軟體加值，相信會更有效的提醒民眾，鼓勵節約能源以及強化能源使用效率。

有了差異電價的設計，加上即時電價資訊的傳遞，最後就是如何提振士氣的部份了。獎勵電價是政府單位配合電力公司所提供的。當用戶能越來越省電節約，自然得反應在帳單的數字上。若是一個馬拉松比賽，拼了老命拿第一名，卻只能得到一個擁抱，大概沒什麼人想參加吧！

- 差異電價能使用戶確實約能源。
- 台灣的民生用電有尖離峰夏月跟非夏月之分。
- 智慧電表建置完成後差異電價便可實行在生活中。

省電之外可以獲得額外獎勵

2010年各國電價比一比(以平均一度新台幣計算)

民生用電		工業用電	
馬來西亞	$2.58	南韓	$2.09
台灣	$2.76	美國	$2.15
南韓	$2.83	挪威	$2.34
美國	$3.15	台灣	$2.36
香港	$3.89	香港	$3.01
法國	$4.97	法國	$3.35
新加坡	$5.25	新加坡	$3.90
日本	$7.34	德國	$4.26
德國	$10.3	日本	$4.87

資料來源：台灣電力公司 製表：Annie Liao

四季用電負載曲線圖

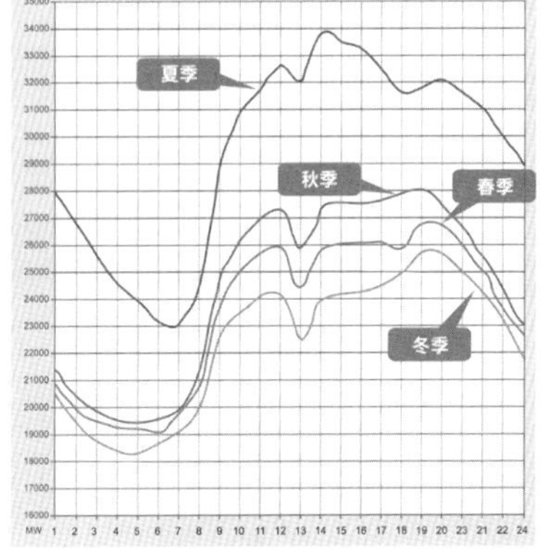

各國電價比較

49 把家變聰明——智能居家

在一些豪宅的廣告上，「智能宅」是一個相當聳動的話題，加上了智能的建案，賣相硬是比旁邊的平價宅出色許多。智能居家是科技進步的象徵，但也是人類退化的代表作。這些號稱智能宅的建案並不一定代表節約或省電。反之，其可能消耗更多的電力。智能居家是什麼呢？簡單的說，就是讓家中所有的電器設備都能夠被管理、控制以及即時掌控等。

星期一的早晨，坐在辦公桌前上班，總是讓人心情浮躁。偷閒之餘，腦中不經意浮現出來的就是最愛的清涼西瓜了，但要怎知道家中的冰箱是否尚有存貨呢？很簡單，透過智能居家程式連結上網後，連結到家中冰箱的網路地址（IP Address），就可以查詢冰箱內還有那些的食物。此時，透過冰箱內的感測器及視訊系統，想吃的大西瓜就直接呈現在電腦螢幕中。午後，在辦公室外的氣溫飆高，辦公室的窗簾及百葉窗就會自動的降下，避免室內吸收大量的熱氣，空調溫度就可以調高以免電力的浪費。到了傍晚，上了一天的班，好希望回家後可以享受大爺般的服務，只要動一動手邊的滑鼠，家中的自動化熱水器自動放好了洗澡水，家中的冷氣機也自動啓動，將家中調節成舒適的溫度；自動化餵食器也將家裡的小狗餵的飽嘟嘟！

這樣的一天，是每個人都嚮往的生活。只要動動手指頭或是講講話，這些電器設備都能夠被輕易的掌控。有些操作能夠協助節能，但有些操作又消耗許多能源。智能宅真的省電嗎？其實不然，自動化帶來的便利性相當的高，但亦會消耗能源或有被過度利用的情況發生。智能居家，對智慧電網的影響有好有壞，一切端看使用者的習慣以及思維。口渴的人巧遇桌上的半杯的水，對有些人來說，真是再美好不過；但有些人卻覺得，要是能有滿滿的一杯會更好。

- 智能家居以家為本體，是含建築物本身、網絡通訊、智慧家電、網絡家電、管理介面等於一身的住宅。
- 智能家居常見於高價位的豪宅建案中。
- 智能宅雖顯示科技進步，其不見得真正省電。

智能宅不一定節能，但可便利我們的生活

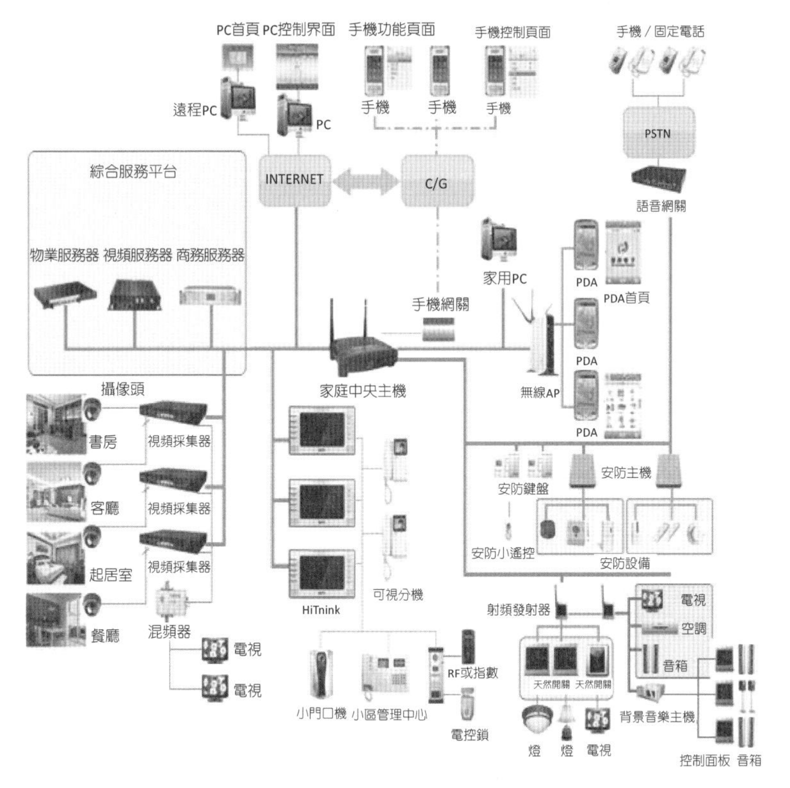

智能居家系統圖

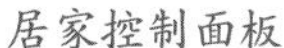
居家控制面板

智能居家管理軟體

50 融入大自然，對地球好一點——綠建築

綠建築（Green Building）是一個相當響亮且前衛的名詞，其定義是在建築物的生命週期中（指由建材生產到建築物規劃、設計、施工、使用、管理及拆除之生命週期），可以消耗最少的地球資源，使用最少能源及製造最少廢棄物的建築物。在現今的大城市中，一棟棟鋼筋水泥建築都是吃能源的大怪獸，且在高樓大廈林立的都會裡，廢熱的累積也讓平均溫度上升不少。

綠建築在許多的層面都得謹慎思考，從房屋的建築結構到散熱或保暖效果，到用水用電的消耗等都必需納入考量。依據世界各國的氣候條件、國情等的不同，綠建築在設計理念上會有所調整，來適應當地的狀況。像是屋頂及地下室設置雨水回收系統，可以用來澆花以及散熱，建材除了耐用之外，必須無毒無害且防火；良好的通風以及散熱設計，可以減低空調的負擔及節能；再生能源的加入，如屋頂上設置太陽能板或是微風力發電機等，可以節約電費的支出。當然，以一個家或房舍為基礎，納入再生能源、儲能系統、變電系統等的微型電網（Micro-Grid），更能體現綠建築的價值。

在人口密集的國家，土地取得不易，也不可能人人都住透天厝，摩天大樓拔地而起，要讓它「綠」起來，設計難度相對更高。近來也不少企業紛紛跟進加入綠建築的計畫，像是台達電、台積電等大廠，將辦公大樓及廠房加入許多節能的思考。即使建築成本高了一到兩成，以長遠來看，這樣的投資絕對會值回票價的。此外，政府單位是節能減碳的主要推手，除了教育與宣導之外，也會利用辦理國際會議或是運動盛事的時候，大舉的興建綠建築場館，對於國家形象提升有很大的幫助。食衣住行育樂，住房大事，有「綠」才美麗。

- 綠建築係指消耗最少能源及製造最少廢棄物之建築。
- 台北的北投圖書館為打破台灣傳統圖書館的綠建築。
- 加入再生能源、儲能及變更系統使綠建築更有價值。

冰冷的大樓加入綠的概念

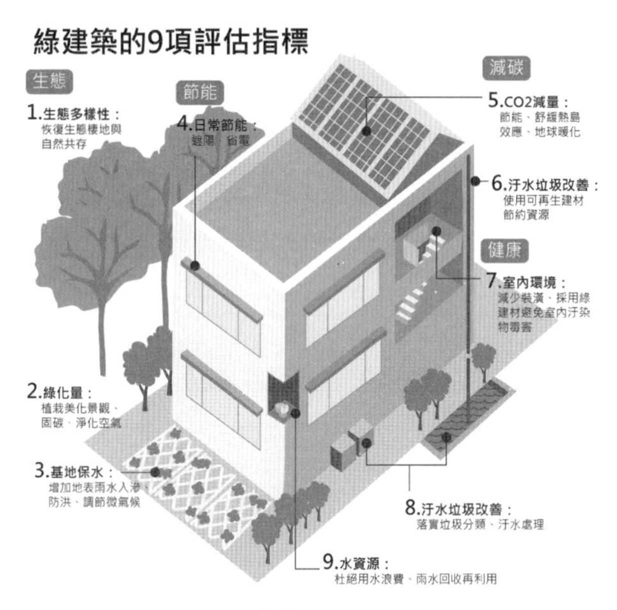

綠建築設計指標

台北101大樓是台灣最大最高的綠建築，另外，台積電、台達電等廠亦響應投入綠建築的領域。

51 逛街吹冷氣，善用公共資源

逛街是一件很享受的事，除了有錢，還要有閒。夏天到百貨公司逛街吹冷氣，是最好的消暑方式，也可以達到節能減碳的效果。這樣的對話，其實並不可笑。善用公共資源，減少個人或家庭的用電及浪費，是一個很重要的步驟。就像政府鼓勵交通共乘一樣，可以降低空污及節省能源等。印象中的北歐，大多是白雪皚皚的記憶。在全球暖化的威力下，讓位在北歐的城市也變的酷熱難耐，大街上的噴水池也就成了最佳的戲水消暑地點了，這也是一種善用公共資源的方法。學生族群，當然不像貴婦團一般可以整天逛大街吹冷氣，他們的最佳去處就是公立圖書館或是速食店，看書吹冷氣累了還可以趴著睡覺。善用公共資源，在油電雙漲的年代，尤其重要。

曾聽聞一則新聞，在夏日炎炎的高雄，一名「枕頭姊」至百貨公司餐廳消費，竟自備枕頭大剌剌躺在椅上睡了近2小時，真是相當地了不得。不僅一般老百姓懂得吹免費冷氣，開店的業者也有節能對策，包括加裝LED或省電燈泡、電扶梯輪流使用、點蠟燭少開燈等，不但節省能源也增加氣氛。在農業時代，每天早晨都可以看到婆婆媽媽們，到溪邊洗衣服，不但不需要耗電的洗衣機，也不需要電話跟網路，無私的小溪是大夥的公共資源，面對面傳遞真感情也是現今社會無法比擬的。

在工商時代，沒時間是一個大家掛在嘴上的口頭禪，就連運動也沒什麼時間。許多人都在家裡設置了跑步機、電動塑身機、或是健康按摩椅。這些的器材不但占空間也浪費電力，忙碌的現代人，何不到公園或是附近學校操場跑跑步，健康又節能，一舉數得。

- 公共資源是指人人都可以自由獲得和利用的資源。
- 海洋、湖泊、草場、公園等、圖書館等均為全民使用的公共資源。
- 多使用公共資源，既可節能亦省錢，一舉數得！

可善用公共資源的好地方

公共圖書館

百貨公司

休閒廣場

公園小憩

公共資源是指那些沒有明確所有者，人人都可以自由獲得和利用的資源。海洋、湖泊、草場、公園等、圖書館均為全民使用的公共資源。
多使用公共資源，既可節能亦省錢，一舉數得！

52 節能電器

古云三十而立，三十歲以上的成年人，大多有佈置新家的經驗，除了裝潢家具之外。方便的電器在家中占有重要的地位。隨著時代的演進，電器也變的越來越聰明。電視廣告裡，總會出現一家人吹著冷氣，舒服睡著的畫面，不但安靜且節能，靠的就是「變頻」以及智慧開關機等功能，讓耗能的怪獸變成溫馴的小白兔。

到底什麼是變頻呢？變頻器（Variable-frequency Drive）是應用變頻技術與微電子技術，通過改變電機工作電源的頻率和幅度的方式來控制交流電動機的電力傳動元件。聽起來有點複雜，不易了解。曾聽聞一則說明相當的傳神：傳統的冷氣機就像塞車時走走停停一般，不夠冷的時後壓縮機就全速運轉，到達設定冷度後，冷氣的壓縮機就休息；而現代的變頻冷氣機，就像是車多的高速公路一般，仍然可以維持著時速30至40公里，行車速度是慢了一點，但是持續前進而不會走走停停。此外，變頻系統又分為交流變頻與直流變頻，相較起傳統的冷氣機，交流變頻可以節省約20%的電力，而直流變頻使用的元件更為昂貴，但省下的電力約可達30%。

像是冷氣、電冰箱等，這類有壓縮機的電器，變頻技術是一個重要的發明。家中的烤箱、微波爐、燈具、音響等，屬於間歇性的使用，加入定時功能或採用較低瓦數的設備，都是一個不錯的節能方式。現代人不可或缺的電視機，其能耗的改變是一個相當有趣的歷史。CRT的耗電量其實不大，隨著大尺寸電視的發展，電漿與LCD變的相當耗能，緊接著LED的出現才將能耗再度降低，甚至可以做到越來越輕薄。科技使終來自於人性，有需求就有動力，電器設備的便利性讓人們生活越來越輕鬆舒適，少開少用將不需要的電器拔掉插頭，才是最好的節電方式。

- 變頻器分為交流變頻與直流變頻。
- 間歇使用之電器可加入定時功能或較低瓦數。
- 電器產品加入新技術，人們亦需養成節能好習慣。

變頻技術能較傳統冷氣省電

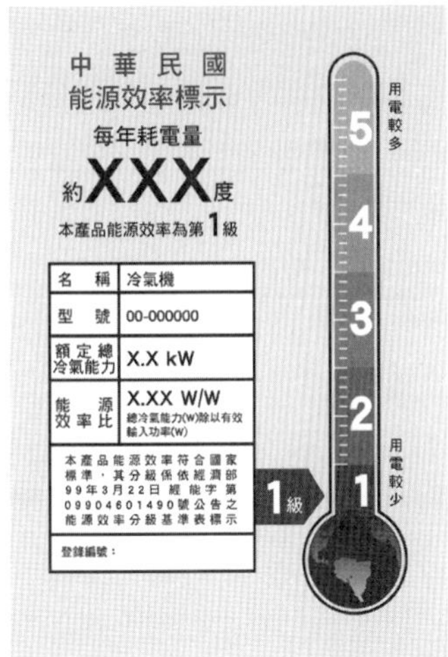

中華民國能源效率標示及節能標章

各國政府為了獎勵民眾節能省電，常會對於節能電器進行獎勵補助。此外，購買電器時須注意是否有能源標章及能源效率指示。

53 讓世界亮起來——LED

照明，是人類有史以來相當重要的一個環節。地球沒有一天停止自轉，所以黑夜是人類回到住所休憩的時刻。在人類歷史上，火，在地球上使用了上萬年，也是人類照明的唯一工具，燒材火燒煤油，只是燒的東西不一樣罷了。在愛迪生發明燈泡之後，人類的照明技術有的重大的改變。有了燈泡的發明，夜晚變的更加的明亮及安全。

LED（Light Emitting Diode），在大家的印象當中，是裝飾的聖誕燈或是改裝車上閃閃發亮的配件。在白炙燈泡使用了長達兩個世紀之後，LED燈漸漸的取代了傳統白炙燈泡的地位。LED是利用半導體中電子與電洞結合放出光子，所製成之發光元件，LED擁有許多的優點，壽命長、省電、耐用、耐震、牢靠、體積較小、反應較快、發熱量低等，比較在一樣照度條件下，白炙燈泡動則40至60瓦，LED燈只需要10瓦左右。缺點則為價格較高，發光效率待提升等。但這些缺點相信隨著技術的提升及量產後都能得到改善。基於環保以及節約能源訴求，LED與節能燈具帶來的經濟與節能效益，讓照明設備商也相當看好這次照明革命的商機。世界各國也紛紛進行宣導及開始階段性的禁止白炙燈泡的使用。未來，只要有照明的地方，就有LED。像是路燈、家中的電燈、電視的發光元件甚至汽車的車燈，LED在二十一世紀將掀起另一波的換機（燈）熱潮。

科技讓人類的生活得到改變，LED的發明可以讓居家及城市的能耗及均溫降低，省去頻繁更換燈泡的困擾。在一間大飯店中，挑高大廳的水晶吊燈總是那樣的炫麗奪目。可是更換上白炙燈泡的工作，可苦了工作人員。更換燈泡無疑是件苦差事，也常有因燈具發熱大，需要開啓空調的情況。照明，本該簡單而便利，節能而環保，投資未來，換盞LED燈吧！

- LED燈已漸漸取代傳統白炙燈泡。
- 優點為壽命長、省電耐用、體積小、反應快等。
- 其缺點為價格高、發光效率待提升。

使用壽命長且可以長時間使用

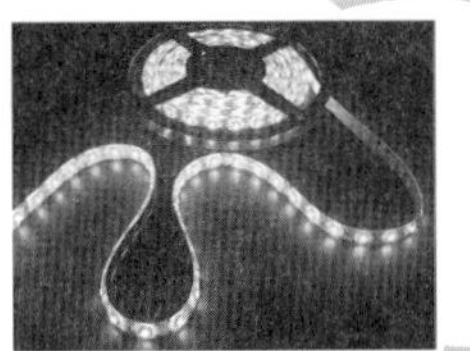
光彩奪目的LED燈

LED電視

LED車燈

LED主要分藍光LED及白光LED，此外在藍光LED上覆蓋一至兩層的磷光體就可以出現其他顏色的LED燈了。

54 靜靜的…我走了！——EV電動車

常常在路邊，看到老人家，坐著小小的電動車，自在的穿梭在巷弄之間。有時，還不自覺的駛入車道中與呼嘯而過的轎車同場競技。小朋友在遊樂園中，開著刺激的碰碰車，頂著天的長尾巴還滋滋的閃著火花。在007電影中，更有帥氣的特務不巧沒帥氣的BMW可以開，只好借電動輪椅一用，奮力的與搶匪拼鬥。電動車，在我們生活中已然久矣，只是在石油能源當道的二十世紀，不被特別重視罷了，而當石油即將耗竭的今日，電動車才又被重視的起來。

電動車（Electric Vehicle），比較起傳統汽車來說，有著安靜、震動低、起步快、無污染等優點。但缺點則為充電耗時、續航力較差、電量低時，驅動力不佳、電瓶重量大、充電站較少等問題。除了技術問題與民衆的接受度之外，對於電動車而言，目前最大的障礙就是基礎設施建設以及價格影響了產業化的進程，與混合動力車（Hybrid）相比，電動車更需要基礎設施的配套才能夠有效的推展。

在台灣，裕隆汽車（Luxgen）等也在多年的努力下，成功的研發出國人自產的電動汽車，不但擁有大馬力與高扭力，在續航力上更是有所突破。其電動感應馬達（Traction Induction Motor）、電能動力控制模組（Power Electronic Unit）等關鍵技術的開發更讓台灣在電動汽車的領域邁進了一大步。此外，美國特斯拉（Tesla）純電動跑車，裡頭的電動馬達是來自台灣的工藝結晶，台灣在電動車工業著實有著相當強的實力。

不遠的將來，石油能源耗竭後，滿大街上跑的不再是冒著黑煙的車輛。電動車勢必將在運輸市場中大放異彩，安靜無聲且零污染的移動革命，正悄悄的發生中。

- 電動車尚需克服基礎設施和其價格對產業之影響。
- 台灣已研發國人自產電動車。
- 美國Tesla純電動跑車的電動馬達即出自台灣。

台灣是電動車的技術先驅

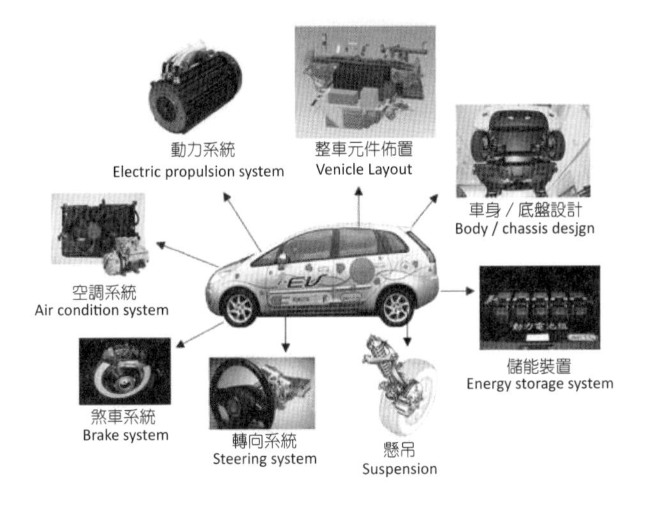

台灣國產電動車與系統整合技術

資料來源：ARTC, http：//www.artc.org.tw/

電動車與一般汽車不同，所需要的技術也不盡相同，相關的法規必需跟上，且民眾的接受度需要提高，才能讓電動車真正發揮效益喔！

55 到處找插頭？電動車充電站

電動車在近代各車廠的大力發展下，未來將成為地球上主要的交通工具。但說到替電動車充電，插上插頭是個很簡單的動作，但插頭並不會出現在陽明山上，也不會出現在墾丁海邊。要是車子開著開著忽然沒了電，也沒有電動腳踏車的腳踏板，可以讓車主將車緩速的「騎」回家。冬天到了，合歡山上飄起綿綿細雪，車子在山頭上遇上電力不足，不但車子馬力不足動彈不得，搞不好車上的暖氣也會變成冷氣也說不定。比較起汽柴油車，即使油料不足，馬力也不會降低。這些問題有待克服，而國家在基礎建設上的跟進也是一大課題。近來，有廠商發明可抽換式電池組，當沒電時，進站換一顆電池即可。看似可行，但尚須全球的車廠都點頭配合，建立起標準的電池統一規格，才得以實現。

利用夜間電力為電動車充電，是一個相當不錯的選擇。但若電力耗盡時，充電時間將會特別的長；若是使用快速充電，又會損耗電池降低壽命。若是上班的公司離家太遠，車開到了公司剛好電力耗盡，那可能要在公司睡一晚，隔天才有足夠的電力將車開回家中。此外，就電力基礎建設來說，最大的問題在於，離峰與尖峰用電差距太大，將來如果電動車沒有好好的規劃，其使用的電力之多，可能會比現有一般家庭的用電總和還可怕，屆時在尖峰時段的供電，將會是驚人的負擔。當然，也不是現有電網可以支持的，如果將來電動車流行之後，現有的電網系統是否能負荷大量電動車充電所造成的負載問題，是許多專家學者正在絞盡腦汁研究的方向。

推廣電動車與否，都教人傷透腦筋。核子動力已可應用於船艦之上，核子動力車是或許才是未來的交通工具也說不定，加一次燃料可以開15年，豈不樂哉？

- 電動車無法即時充電之問題尚待克服。
- 更換電池和夜間充電是可努力的解決之道。
- 離峰和尖峰用電負載差距是專家學者解決之方向。

克服電力耗盡之隱憂：規劃電動車充電網是必經之路

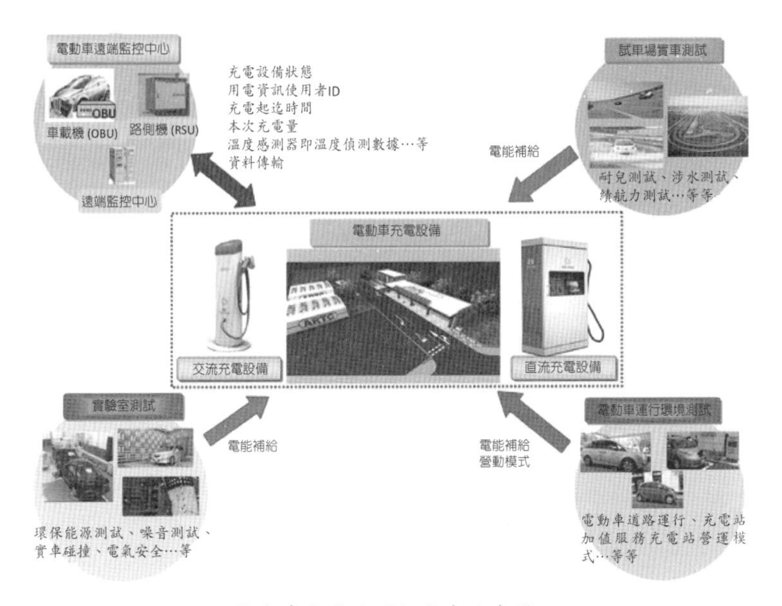

電動車充電站運行平台示意圖

資料來源：ARTC, http：//www.artc.org.tw/

電動車併入電網V2G（Vehicle to Grid），是描述電動車聯結到互聯的電力網路上於轉換。電動車的電池能夠從風力（或太陽能）發電來進行儲能，然後於尖峰用電時段（Pick-Load）將電賣回到電網。

56 Top Gear，電單車

有到過越南的人，應該會很習慣其主要的交通工具，就是充斥大街小巷上的摩拖車及嘟嘟車。台灣也不惶多讓，只要到全國各大專院校裡的機車停車場就可以充份了解。據學生族的說法，每人每天花在找自己的摩托車的時間約為20分鐘，這或許能列入金氏世界紀錄也說不定。

在機車產業及使用普及的台灣，若能將現在的機車全部換成電動摩托車或稱「電單車」，那台灣的用路環境將會大大的不同。首先，廢氣排放可以大大的降低甚至歸零，都市的天空就不會灰濛濛的一片，騎士們呼吸道的健康也較有保障。再則，轟隆隆的引擎聲也將消失，取而代之的是晨間的蟲鳴鳥叫及沉悶的電動馬達運轉聲。電單車，不若電動車來的耗電，續航力充足且充電時間比電動車來的快速及經濟，電力耗盡時也可以用腳踏板來驅動，不但回的了家且兼顧運動健身，一舉兩得。電單車的便利與實用，維修起來又與一般的機車大同小異，對基礎建設的需求也不若電動車來的嚴峻，在未來的交通工具發展上，電單車將會是一個重要的領域。

電單車也並非全無缺點，在安全性的考量上尤其重要。畢竟，電動車是「鐵包人」，而電單車還是「人包鐵」，在安全性上還是與電動車差了一截。此外，「太安靜」也成為安全上的隱憂。過往的機車，轟隆隆的聲響讓行人可以遠遠的就聽見且提高警覺，而靜悄悄的電動車，即便與行人「擦肩而過」也不易被發覺，對路上的行人是一大威脅。就有人建議，要在電單車上播放音樂，或是裝上警報器，讓行人可以察覺電單車的存在以提高行人的警覺性。

除電動車外，從醫療用途的電動輪椅、殘障人士使用的小型電動車（輔助自行車）到兩輪的電單車，電動交通工具將改變人們的行車經驗甚至進化為個人化交通工具。在滑板車或是溜冰鞋上裝個電動馬達，似乎也是個考慮的方向。

- 騎乘電單車如同一般機車，需申請牌照並配戴安全帽。
- 電動自行車與電動輔助自行車則不在此限。
- 無聲的電單車在安全考量十分重要！

電單車綜合充電車輛的優缺點是未來代步選擇

電動機車（電單車）

57 鐵馬向前行

台灣是腳踏車王國，相信沒有人會有異議。從政府推動到台灣環島人數每年暴增，以及腳踏車出口持續成長茁壯來看，腳踏車不但是一個熱門的話題且已成了環保的一個象徵。人力交通工具是一個相當節能的交通方式，從古至今也與人們脫不了關係。

隨著週休二日的推展，加上大眾運輸系統的建置以及休閒旅遊風氣的提倡，四輪加兩輪成為一股風潮，腳踏車這種再平凡不過的代步工具就此變的相當不凡。騎腳踏車真的能達到節能且減碳的效果嗎？說法相當的分歧。腳踏車的製造本身就不環保，若採用碳纖維材料，無法由細菌所分解，更是不環保。就像很多人反對政府推動老舊車輛更新一樣，雖說科技進步，新車的廢氣排放大量減低，但每製造一輛新車，其生產過程所產出的廢棄物及溫室氣體卻已遠遠高過車輛上路後的排放量，對環保確實沒有幫助。

此外，有人說到要使用單車來運動且節能，事實上，運動時，碳排放比在家中無所事事產出的二氧化碳還要來的多，對地球來說其實沒啥幫助。節能減碳的口號總是這樣的響亮，製造運動用品及腳踏車廠商卻是碳排放大戶。再換個角度看，若使用腳踏車或是走路來擔任上班通勤的工具，那就對節能大有幫助了。只要減少開動汽機車，用走路或騎單車的方式，那就是愛地球的最好方式了，每個月可省下幾千元油錢吃頓大餐犒賞自己，真是一舉兩得。

新聞上常看到一句話：「一天一萬步，健康有保固」，說的真是好啊！走路，是地球上所有生物的前進方式，一毛錢都不用花，也沒有碳足跡的問題。但能夠做到的又有幾人呢？

- 製造腳踏車若用碳纖維，其無法被細菌分解。
- 腳踏車運動所產生的碳排放量亦不環保。
- 走路是最好的零碳足跡運動。

上班上課以步行或單車代替

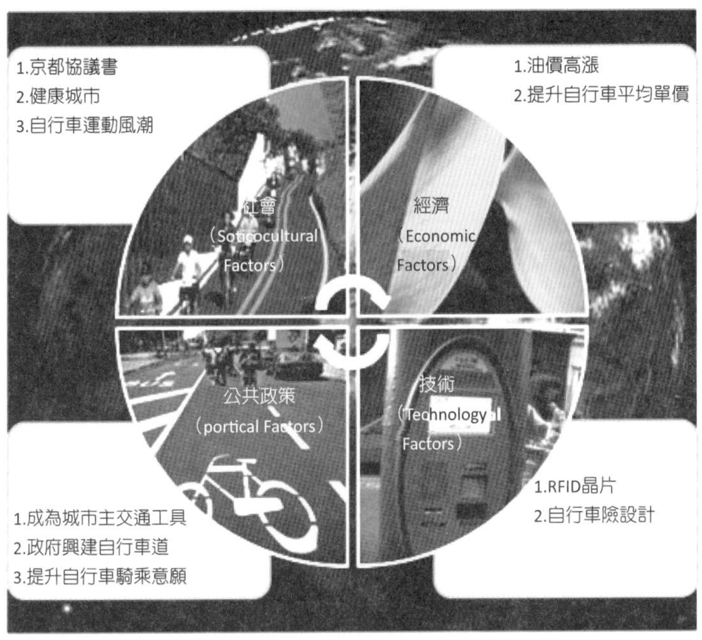

都市自行車發展現況

資料來源：元智大學知識服務與創新研究中心。
http：//bike.mis.au.edu.tw/greenrider/Green_one/G_01_01.html

自行車安全配備

智慧電表好處多

若從技術面來看，智慧電表只不過是電子電表再加上雙向通訊功能，但是所能影響的重點，在於大幅改變目前用電的環境與行為。曾看過傳統機械式電表的人都知道，大概只能看到不停轉動的圓盤與不斷累積的數字，可是人們對於電的「實際使用狀況」，卻是毫無所知。特別是用電具有即時性，若不知道耗電情況，就更不用談要如何省電了。

「智慧電表可以提高民眾的自覺與意識，了解家中各種電器的用電耗能情形，並進一步調節用電量或省電。」工研院能環所電控與感測技術組組長何無忌表示，透過智慧電表的通訊功能，可將用電情況即時（real time）傳送出去；對於使用端，就能藉由具有螢幕的顯示裝置，了解耗電量的變化與用電的效率，有了明確的數據與分析，就能提醒自己調整電器使用時間，或是思考改用更省電的電器，進而達到「主動」節電的效果。

至於在供電端，當電力公司能夠掌握用戶的即時用電數據時，就能進行供電、配電方面的管控。例如當用電負載提高時，就能適時調度預備發電設備來因應，減少斷電意外發生；當然也能對用電戶發出警訊，限制用電、降低負載；平時也能提出時間電價或約定用電量等方案，讓用電負載更為平均穩定，相對也能減少備載發電設備的成本和電廠的需求，長期下來也能成為預測電力、調整電價等依據。

台灣現今的電表記錄作業方式，為每兩個月才派人實地抄表一次，自是無法滿足即時獲得電力資訊與調度預測的需要。國內利用人工檢查電表是否損壞的成功率，也僅約5%；如果裝有智慧電表，透過數據或訊號就能知道電表是否異常，並立即進行維修處理。而智慧電表的另一大優點，則是可以解決竊電的問題，估計若台電公司每遭竊電1%，就相當於新台幣44億元的損失；但有時竊電行為防不勝防，若能透過用電數據來進行分析並加以監控，自然就能降低電力被偷的情形。

第五章
智能化交通運輸系統

58 當城市越來越大，當地球越來越擁擠

在現代化的城市裡，人口越來越多，也越來越擁擠。地球的人口數量劇增也讓能源消耗的速度加快。事實上，人類的存在以及城市發展，正是能源大量消耗的癥結點。人類的世界必須倚賴能源來運轉，集中並大量的使用電力、水資源、天然氣等，造成城市大型化且高耗能的狀況。此外，隨著經濟的發展，醫療、教育、工作等需求，城鄉差異已越趨擴大，大家都往城市裡跑，使得城市越來越擁擠，也越來越熱。

近來在許多學者專家的努力下，在智慧城市（Smart City）及智慧交通系統（Smart Transportation）研究上有許多新的想法與突破，亦是智慧電網中延伸出來的一環。為了讓這樣的超級城市可以正常運作且永續經營，政府電子化、資訊網路化、生活數位化、交通智慧化及節能環保一貫化等方向勢必讓城市掀起一番革命。

在e化的城市裡，民衆們透過便利的有線及無線網路系統，可以不必親自到各政府機關或銀行單位，就能處理大小事務；透過大衆運輸系統，民衆可以在城市裡暢行無阻，不需要辛苦的開車及找停車位，也不會把城市搞的烏煙瘴氣；透過人行步道、腳踏車道、免費腳踏車租用、城市綠化等建設，民衆們可以在安全且舒適的空間裡活動，減少使用交通工具；透過可再生能源的導入，讓城市的能源效率提升且減低能耗；透過各種環境監測及防災系統，政府單位可以第一時間掌握狀況，讓民衆的生命財產安全得到保障。

人類是群居的動物，這些智慧城市的研究重點都將牽動人們未來的發展，相信在未來，城市將不會是耗能的大怪獸，而是一個自在呼吸的綠色公園。

- 全世界約有300個「Smart City」的計畫及實驗。
- 其包括能源消費大國的中國、美國到東南亞皆有。
- 現代化都市正在世界各國發酵之中。

節能於擁擠的城市特別的重要

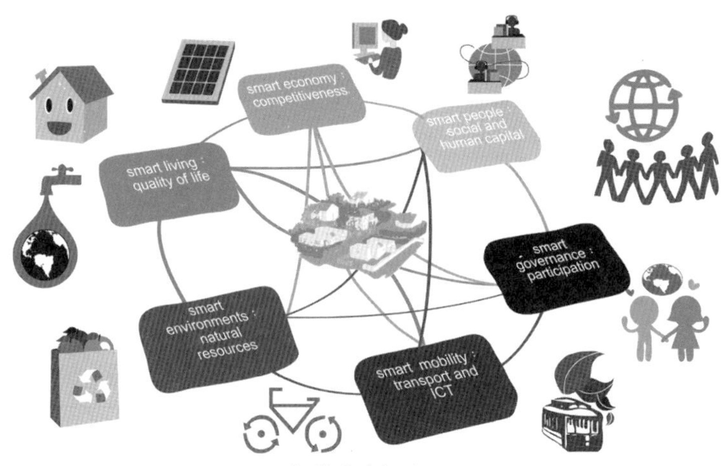

智慧城市概念

e化入口網首頁

進入「我的E政府」網，不出門即可得知各政府相關資訊。

59 e-Bus智慧公車系統

每個人都有搭公車的經驗，有人坐公車睡過頭，遇到熟人好朋友，也有人從小到大沒坐過公車。不管是好或壞的經驗，公車是大衆運輸系統的一環，也是現代化都市裡重要的運輸工具。多搭公車減少開車，對環境污染自然較小，如何讓民衆們願意多搭乘公車，就得要在都市規劃以及交通動線設計上多下工夫才是。

e-bus智慧公車系統，在世界各國不斷的推展開來，不管是用汽柴油、油電混合車或氫燃料車等，若能將路線規劃完善，提升民衆使用率，就可以達到節能及環保的效果。也有一些國家將公車系統電氣化，透過頂上的集電弓來供電，不但不會排放廢氣也不會有噪音的產生，也有一些國家是使用專用道或是軌道系統（Trams）來達成城內交通目的。此外，透過無線網路及GPS定位系統的加值以及智慧公車亭的建置，可以讓旅客清楚的知道公車進站的時間以及相關行車資訊等。沿著公車路線所鋪設的無線環境，還可以讓旅客無線上網或是傳送CCTV影像到控制中心等。智慧公車也可將公車內影像紀錄儲存，增加乘客的安全性。民衆的搭乘意願也會大為提升。

智慧公車不僅如此，公車上路後，監控中心除了可以擷取公車所在位置之外，針對駕駛的駕駛行為以及前方的行車狀況亦可以掌握，乘客在車廂內除了上網之外，還可以觀看數位電視及一些政令宣導或當地風俗民情的影片等，對於打發枯燥的乘車時間及舒適性有很大的幫助。在未來，智慧公車能夠達到的境界可能超乎你我的想像，「智能筴艙」公車會漸漸的導入到城內交通系統之中，逐漸地取代個人交通工具。只要進入筴艙內，在自動導引裝置驅動下，筴艙可以帶你到城市內任何一個角落，乾淨、無聲、安全、無污染的城市，是你我都想要的居住環境。

- 公車無線上網是一個最新的趨勢。
- WiMax或LTE技術讓乘客可在車內上網辦公或娛樂等。
- 「智能筴艙」公車在未來將導入交通系統。

更能掌握公車停靠的時間

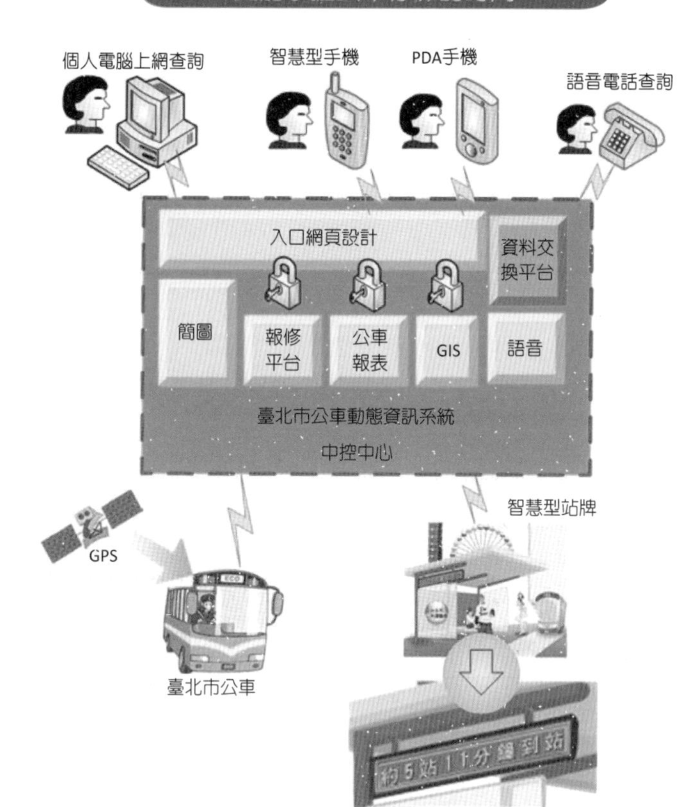

公車動態資訊系統架構

資料來源：台北市公共運輸處，http：//www.e-bus.taipei.gov.tw/

無線傳輸CCTV公車監控系統

智慧型站牌的到站提醒

60 高速公路暢通無比——ITS城際交通系統

馬路跟電網系統一樣，是覆蓋全台灣的基礎設施，而高速公路更是城際（Inter-City）交通系統中的重要一環。ITS智慧化高速公路系統（Intelligent Transportation System），是在既有的高快速公路系統上加入一些智慧監控的功能，以疏導交通、增進行車安全、減少行車時間等。大家都有在高速公路上塞車的經驗，每當遇到塞車總讓人煩悶不已，若塞車又遇到想上廁所時，那就更加痛苦萬分。在分秒必爭的年代，ITS系統會是一個終極的解決方案。

在ITS系統中，資通訊的整合會是一大關鍵。一首記憶中的流行歌是這樣唱的：「不管你身在何方，不管你去到何處，有我你就不孤獨」，當您開車時，行車資訊可以透過資訊網路加以傳遞，有了路況以及環境資訊後，車輛駕駛可以即時掌控行車狀況，避開塞車或危險路段，增加移動的速度與安全性。此外，在高速公路上有著大大小小的行車資訊看板整合於行車資訊系統之中，隨時提醒用路人交通狀況並注意行車的安全。

雪山隧道，全長12.9公里，耗時13年才完工，它是台灣人的驕傲也是東亞之最。在通行後許多年，一直保持著相當良好的安全紀錄。直到2012年5月火燒車事件，造成許多的傷亡之後，智慧交通系統以及長隧道安全議題才又被重新點燃。隧道是智慧型交通系統中最複雜最困難的一環，隧道的安全係數以及防災監控系統都必須要最高級且滴水不漏。

有了ITS系統，交通會變得較為通暢，石化燃料的浪費以及空氣污染可以降低，對節能減碳大有貢獻。此外，透過再生能源與LED 技術的加值，一些看板及標示符號等都可以透過太陽板充電，智慧化的科技整合，讓ITS系統與智慧電網連結，一環緊扣著一環。

- ITS系統可疏導交通、增進安全，減少行車時間。
- 透過再生能源和LED技術，可使ITS系統更為整合。
- ITS系統對節能減碳大有貢獻。

ITS也增加行車的安全係數

智慧交通導引系統

中央監控中心

雪山隧道

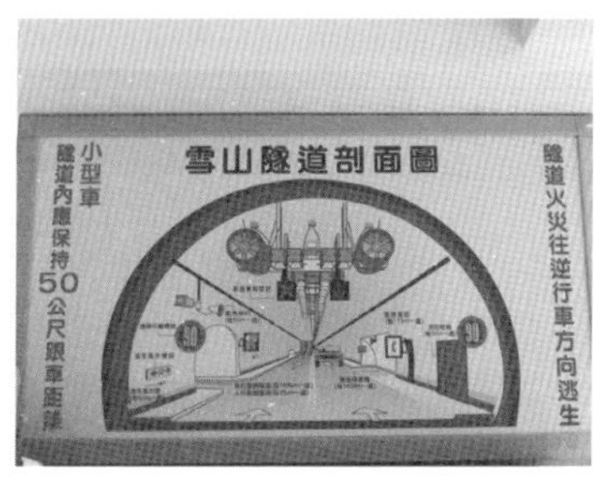

雪隧系統剖面圖

ITS智慧交通系統會在大小事故發生時介入管理，讓行車安全與秩序兼顧。

61 Smart Rail 城市軌道交通系統

在大城市耗能擁擠的解決方案之中，軌道交通系統是ITS之外最重要的一部份。鐵路從十八世紀以來，一直是大衆運輸以及遠距離交通的首要之選。即使飛機的發明之後，鐵路的科技亦隨之提升，使得它依然占有不可取代的地位。

現代的鐵道運輸系統，依速度的不同，分為100km/h、200km/h、300km/h等級距，在城市內主要為地下鐵（捷運）系統（Subway）、通用鐵路網（Railway）等，肩負起大衆運輸的主要任務，有了地下鐵系統，每日運輸量可達數十萬人之譜，甚至在年節時分，百萬人次的紀錄都時有所聞。在台北，跨年煙火總是那樣的吸引人。擠爆捷運也要看煙火的經驗，是年輕人共同的回憶。從節能的觀點來看，雖說鐵道系統亦須消耗不少的電力來推動列車或維持車站或機車場等維運，相較於數十萬、甚至百萬人次汽機車交通工具的使用，比較起來實在相當的划算且符合環保。

在現今的大都市中，交通及空污的問題一直困擾著人們的生活，各國政府紛紛投入地下鐵系統的建置。在經濟發展的驅動及都會區人口不斷攀升下，地下鐵的系統建構就像螞蟻穴一般層層疊疊、四通八達，甚至結合商場及機關等功能於地底下。地上空間不足轉往地下發展是一個必然的方向。許多國家的地鐵系統甚至結合了軍事及防災的需求，當戰時或是遇到天災時成為避難或是安置物資的場所，人民需要它，政府單位更需要它。

城市軌道交通系統是擁擠且躁熱大都市的救星。有了它，節能減碳且便利。在鐵路發展先進的日本，鐵道已與人民生活甚至經濟密不可分。在台灣，搞不懂房地產沒關係，跟著捷運沿線買房準沒錯。城市鐵道系統，是各國政府在經濟、運輸、節能與環保上的必修學分。

- 除ITS系統，軌道交通系統亦能改善擁擠交通。
- 其消耗不少電力維持營動，但也減少百萬人次車潮。
- 許多國家地鐵系統結合軍事和防災需求。

節能減碳搭乘大眾交通運輸準沒錯！

磁浮列車

台灣高速鐵路

捷運列車

台鐵列車

鐵路運輸系統能大量減少個人交通工具的使用，達到節能減碳的效果，各大車廠亦投入減低列車本身電力消耗的開發，未來將可為節能帶來更大貢獻。

62 坐高鐵比坐飛機好？

高速鐵路（High Speed Rail）是鐵道系統的終極版本，台灣高速鐵路系統是由日本新幹線（Shinkansen）系統延伸而來。一般的高速鐵路時速約可達200到350km/h，在新一代的高速鐵路設計下甚至可以達到500km/h的境界。比起飛機飛行的速度約600到850km/h來說，相去不遠矣。

此外，搭飛機必須提早一到兩個小時抵達機場，且飛機場相較於火車站來說，總是讓人又愛又怕受傷害。噪音、空氣污染、安全性等問題在至今尚無法得到完美的解決方案。總體來說，搭乘高速鐵路，在票價成本、時間、地理位置以及安全性上是一個相當不錯的選擇。

但不可否認，在飛機發明之後，地球村成了一個相當響亮的名詞，人與人之間的距離拉進，國與國之間的交流變得更為密切，甚至人們活動及資訊的傳遞，都有大大地改變。

萊特兄弟（Wright brothers）與史蒂文生（George Stephenson）是不同時期的偉大人物，他們的貢獻使得人類文明躍進了一大步。坐高鐵比坐飛機好，其實並不盡然，它們各有優缺點及地域侷限性的差異。姑且不論優劣勝敗如何，人們目前都無法離開這兩種交通工具。但換個方向想，在節能減碳的立場下，鐵路系統目前處於不敗的地位，比較起飛機，其能源消耗與運輸能力較為卓越；若說到環境保護，飛機排放的廢氣中所含的大量溫室氣體，甚至常被指為破壞臭氧層的一大兇手。真要說到愛護地球，多搭鐵路系統、少坐飛機是一個比較正確的方向。

我們無法知道張飛打岳飛到底孰勝孰敗，因為他們是不同時代的人物。我們也不可能不坐飛機只搭高鐵，那環遊世界的美夢恐將破滅。苦行僧選擇了步行環島，而我選擇了騎單車環島，也有人選擇了搭鐵路環島…，其實都可以，只要盡量為了地球好。

- 高鐵為日本首次對外輸出高速鐵路系統。
- 台灣高速鐵路有「台灣新幹線」之稱。
- 搭乘高鐵或飛機？沒有對錯，只有選擇。

交通方式任你挑，條條大路通羅馬！

高鐵左營站

桃園國際機場

單車環島

走路上班族

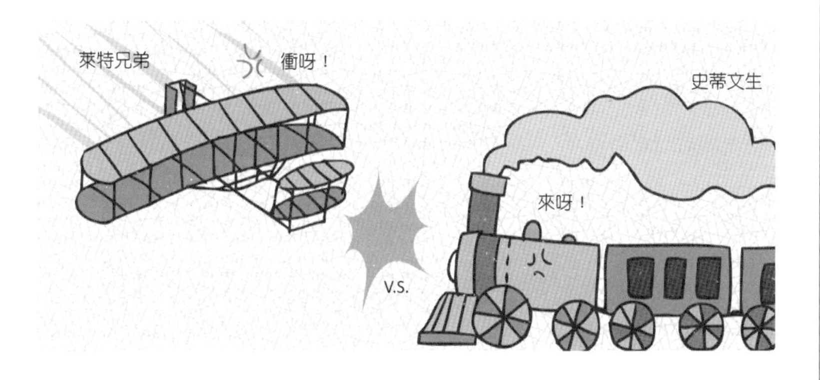

智慧型運輸系統

智慧型運輸系統（Intelligent Transportation System , ITS）係利用先進之電子、通信、電腦、控制及感測等技術於各種運輸系統（尤指陸上運輸），透過即時資訊傳輸，以增進安全、效率、服務與改善交通問題。

1.先進交通管理系統（Advanced Traffic Management System, ATMS）

偵測蒐集交通狀況，經由通訊網路傳至控制中心，結合各方面之路況資訊，研訂交控策略，並運用各項設施進行交通管制及將交通資訊傳送給用路人及相關單位，執行整體交通管理措施。主要包括：匝道儀控、號誌控制、速率控制、事件管理、電子收費及高乘載管制等。

2.先進用路人資訊系統（Advanced Traveler Information System, ATIS）

藉由先進資訊及通訊技術，使用路人不論於車上、家中、辦公室或室外皆可方便取得所需之即時交通資訊，作為運具、行程及路線選擇之參考。主要包括：資訊可變標誌、路況廣播、車內導航、網際網路、電話語音、傳真回復、有線電視、資訊查詢站及行動電話等。

3.先進車輛控制及安全系統（Advanced Vehicle Control and Safety System, AVCSS）

利用先進科技於車輛及道路設施上，協助駕駛對車輛之控制，以減少事故及增進行車安全。主要包括防撞警示及控制、駕駛輔助、自動橫向／縱向控制；遠期如自動駕駛、自動公路系統等。

4.先進大眾運輸系統（Advanced Public Transportation System, APTS）

將ATMS、ATIS及AVCSS技術運用於大眾運輸系統，以改善服務品質、提昇營運效率及提高搭乘人數。主要包括：自動車輛監控、車輛定位、電腦排班調度及電子票證等。

5.商用車輛營運系統（Commercial Vehicle Operation, CVO）

係將ATMS、ATIS及AVCSS技術運用於商用車輛，如：貨車、公車、計程車及救護車等，以提昇營運效率及安全。主要包括：自動車輛監控、車隊管理、電腦排班調度及電子付費等。

第六章

智慧電網與全球暖化

畫　說　智　慧　電　網

63 碳足跡

每個人的日常活動，像是開車、坐捷運、喝咖啡、打電腦、呼吸、甚至睡覺等，不論直接間接，都會造成二氧化碳的排放。「碳足跡」是一個新興的議題，其定義為人類在活動時所產生出來的二氧化碳對環境的溫室效應所帶來的衝擊，可分為直接或間接的方式產生。

不管人們在做什麼，碳的產生與循環都在地球上不斷的進行中。「碳」本身是大地之母，是人類的組成分子結構之一，更是生命的起源。產生越多的碳，對環境的影響就越大，台灣人每天排碳19.6公斤，超過聯合國標準4倍，代表著台灣人的消費習慣與生活習慣裡所產生的碳比其它地區都來的多。最常見的莫過於電器的使用，如冷氣，電視等，或是車輛使用頻率等，值得多加注意。

碳足跡是一種追本溯源的思維，在所有人類活動中，碳的產出都可被追蹤且控制的。一個產品的生產，從原料的產出到運送，再到加工製造及包裝，之後再送到市場上。這樣的一個流程裡，會產生大量的溫室氣體且製造環境污染。人類在享受現代化生活的同時，對環境的傷害也與日劇增。「碳平衡」，是一個終極的目標，當地球的碳產出與消耗能夠達到平衡時，人類的活動與大自然方能達到調和的境界。

少買一件新衣；多吃蔬果少吃肉；多爬樓梯少搭電梯；多走路或搭乘公共交通工具少開車、少看電視、隨手關燈、自己帶餐具、冷氣調升一度等，都有助於減少碳足跡。此外，樹，是地球上碳平衡的要角。多種樹，少砍伐，讓大自然可以將碳吸收或是固定。前人種樹，後人乘涼；而若是變成前人排碳，後人吸收不良，那就非子孫之福了。

- 台灣人口佔全球人口只有千分之3。
- 台灣所排放溫室氣體總量卻佔全球1/100，超過聯合國標準4倍。
- 「碳平衡」為人類與自然調和之終極目標。

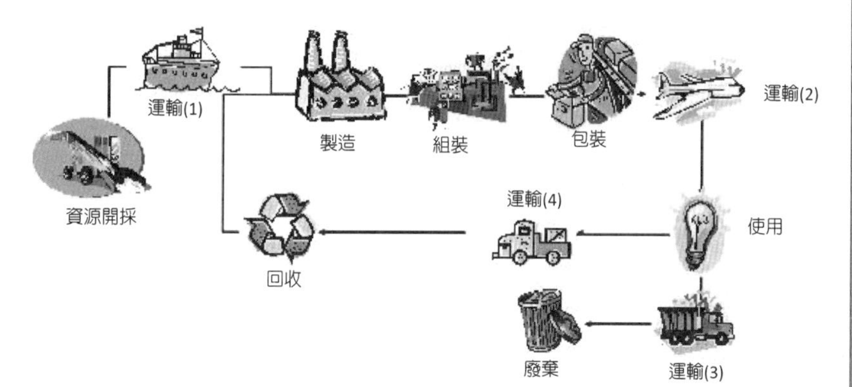

碳足跡及其各階段流程

台灣碳標籤

64 碳交易

碳是一種化學元素，大家每日都與碳一起生活且密不可分。為何碳可以被拿來交易呢？其實跟人類社會的演進有異曲同工之妙，在以物易物的時代，當農民們從事的生產可以自給自足甚至有餘時，便會拿到市場上交易，換取自己不足的部份。互補有餘，在古代是件好事，促進了經濟繁榮，但到了現代的文明社會，碳交易卻變成了一種特殊且微妙的關係。

在《京都議定書》制定之後，世界強權們為促進全球減少溫室氣體排放，以國際公法作為依據的溫室氣體排減量來交易。其中以二氧化碳（CO_2）為主要的交易對象，且以每噸二氧化碳當量（tCO_2e）為計算單位，所以通稱為「碳交易」。其交易市場稱為碳市（Carbon Market）。根據京都議定書的規定，參與的國家必須在2008年到2012年間，將造成地球暖化的溫室氣體排放量降到1990年的排放標準，而企業或國家，將減少的、或用不到的二氧化碳排放量，即是「碳權」（Carbon Credit），釋放到市場做買賣，形成一個新興的碳交易市場。不過，也由於先進國家若要減少碳排放量，必須付出相對較高的成本，因此，可向開發中或落後國家交易藉由碳權的買賣，達到全球的總量管制。

透過適切的經濟機制來達到減碳的效果是碳交易的主要目的。歐美強權可以透過金錢的轉移，讓落後國家加速環保建設費用，再轉而販售多出來的碳權給工業大國。然而，經濟為一國之大事，並不是所有的國家都願意加入這樣的組織，受其制約且遵守相關規範，甚至如美國這樣的耗能大國，都不敢輕易嘗試。台灣處於一個相當尷尬的局面，一方面需顧及經濟發展，另一方面又得受牽制，環保與否，考驗著大家的智慧。

- 《京都議定書》透過國際公法管制碳放總量。
- 其以二氧化碳為對象，進行溫室氣體排減量交易。
- 顧及經濟發展，並非所有國家皆願意加入。

氣候變遷會議

京都議定書簡介

「京都議定書」（Kyoto Protocol），全名為「聯合國氣候變化綱要公約的京都議定書」，是於1997年12月在日本京都由聯合國氣候變化綱要公約參加國三次會議制定的。其目標是「將大氣中的溫室氣體含量穩定在一個適當的水平，進而防止劇烈的氣候改變對人類造成傷害」。各國政府間氣候變化專門委員會（Intergovernmental Panel on Climate Change，簡稱IPCC）已經預估出從1990年到2100年之間，全球氣溫將升高1.4℃至5.8℃。目前的評估顯示，京都議定書如果能被徹底完全的執行，到2050年之前僅可以把氣溫的升幅減少0.02℃至0.28℃，正因如此，許多批評家和環保主義者質疑京都議定書的價值，認為其標準設定過低，根本不足以應對未來的嚴重危機。而支持者們指出京都議定書只是第一步而已，為了達到聯合國的目標，今後還要繼續修改完善，直到達到符合未來要求為止。

65 正負2度C——台灣必須面對的真相

由媒體節目主持人陳文茜率領工作團隊製作，並獲得多位知名企業家支持的一部紀錄片「正負兩度C」，讓許多人了解了在台灣所發生的一些氣候劇變。雖說台灣人有著堅毅不拔的精神，且對天災的抵擋能力也已在多年的訓練當中逐漸成長茁壯。但這背後的「真相」，並不是這麼容易可以被發掘的。全球暖化及氣候變遷，讓許多的國家飽受其害，全球的糧食短缺問題更造成世界的動盪及不安。身在台灣的我們，有足夠的警覺性及準備來面對未來的挑戰嗎？

事實上，人們是容易健忘的動物，經過許多的創傷以及災害後，危機意識便會在安逸的生活之中漸漸被淡忘。習慣的養成不容易，危機意識以及防災觀念更不容易養成。就好像二次世界大戰時，人們每天習慣於躲防空洞的日子，只要聽到嗡嗡的聲音，下意識就知道敵機臨空，該往哪逃該往哪藏早就成為習以為常的事，人命當頭，想不會都不行。二十一世紀的今日，在沒有戰爭的台灣，各位有多久沒做過防災演習？甚或者連鄰家失火了，該躲哪裡都沒有任何的概念，將來如何能夠抵擋未來可能遭受的環境氣候劇變呢？台灣位處環太平洋地震帶上，加上每年季節性的颱風與豪雨，導致我們對氣候劇變所能承受的能力更加的缺乏。在台灣的人們，現在正是覺醒的時刻了！別說不可能，台灣島上的你我也可能像摩里西斯或太平洋島國一樣，成為氣候難民。

正負2度C，在現在的學派當中眾說紛云，有人同意，有人則認為是杞人憂天。不過，從種種環境及氣候變化跡象來看，和人類過度的利用地球資源及破壞環境絕對是脫不了關係的。無言的地球正透過一種新型態的報復方式，對你我發出強烈警告，智慧電網只是一個治標的方法，並無法完全根治地球上所有的環保議題，這得要靠地球上人們的自發自覺才能夠去達成。

- 正負2度C議題向來眾說紛云，頗具話題性。
- 氣候變遷使氣溫每上升1度C就會造成環境劇變。
- 智慧電網僅治標，環保需靠人類自發自覺。

到底地球變熱會發生什麼事情？理查・葛林（Richard Girling）揭開氣候變遷科學面紗後發現：這就是我們的未來遠景—各大知名都市泡在水裡，地球有三分之一的面積變成沙漠，其他就剩下食物和飲用水的搶奪畫面。如果全球暖化的速度持續無法改善，我們即將面臨滅種危機。到底地球變熱會發生什麼事情？以下就為您逐「度」分析。

升溫1℃	無冰海域吸收更多的熱氣，加速全球暖化效應；地球三分之一表面的水資源流失；低海岸地區遭海水淹沒。記者作家林納斯（Lynas）說：「最嚇人的是，一旦人類褪去文明的外衣，野蠻的醜陋面即表露無遺。大部份的難民都是又窮又髒，只顧自己存活，甚至連警力在混亂的局勢中也自顧不暇，組織渙散或棄守據點。只需4天的光景，倖存者就會湧進都市的超級巨蛋，在廁所肥水四溢和屍臭遍野之間求生存，因為外頭有一群年輕幫派，到處持槍洗劫食物和飲水。也許最令人難忘的畫面會是，一部軍用直昇機在落地的數分鐘內，機組員匆忙地把食物包裹和瓶裝水拋到地面上，然後像逃離戰地般地重新起飛，讓曾經是美國市中心的地區，看起來就像電影裡面第三世界的難民營。年輕人為水開戰，而一旁的孕婦及長者視若無睹。也不必太苛求他們，我想，那是人們在絕望時都會有的『反應』。」
升溫2℃	歐洲居民中暑而亡；森林被大火吞噬；處於逆境的植物開始釋出碳、不再具備吸碳功能；有1/3的物種瀕臨滅種。不僅是沿岸地區受害，當山林裡的冰河流失，人們也將失去水源。整個印度次大陸（Indian subcontinent）將淪為生死戰場。「若冰河只剩下高山頂上的一小部分，就無法藉冰河水流供給為數眾多的河川，供千百萬民眾使用的水源自然就會枯竭，導致缺水和饑荒，整個區域動盪不安。而這時期的災難現場，將由印度、尼泊爾或孟加拉共合國，轉移到擁有核能武器的巴基斯坦。」
升溫3℃	從植物和土壤中排出的碳物質，加速全球暖化效應；亞馬遜熱帶雨林蕩然無存；超級颶風襲擊沿海城市；非洲鬧饑慌。當大地陷於火海，海平面就會升高。即便是最樂觀的預測，到這般田地，80%的北極海冰都會

升溫3℃	消失，剩餘的部分也來日不多。整個紐約市泡在水裡；在1953年重創東英格蘭的大災難，將如影隨形、層出不窮，荷蘭將「納入」北海的版圖。到處都看得到流離失所的饑餓遊民--從中美洲湧入墨西哥或美國，從非洲湧入歐洲，死灰復燃的法西斯政黨，將因驅逐難民的承諾而贏得政權。
升溫4℃	永凍土無止境地溶解，造成全球暖化效應一發不可收拾；英國大部分地方也因嚴重的水患而不適合居住；地中海區域成為廢墟。最危險的回饋效應即將展開——永凍土失控地快速融解。科學家們相信，至少會有5,000億噸的碳，將由北極冰原中釋放出來，然而尚未有人去評估這會對全球暖化產生什麼樣的影響，不管是升溫一度？二度？三度？這些指數都是惡兆。
升溫5℃	甲烷從海床竄出，加速全球暖化效應；兩極冰層溶化；人類逐食物而居，但徒勞無功，形同野生動物在這片土地上苟延殘喘。林納斯說：「沒有一個地方是安全的，這跟發生內戰、種族衝突或族群對立的結果較為類似。」這時候若還想能夠與世隔絕地存活下來，可能就像要打電話找客服那般不切實際。他說：「我們有幾個人能真正靠狩獵捕殺，養活一家人？即使有一大批人成功地適應這種野蠻生活，野生動物也會在這種壓迫趨勢下迅速減少。要維持這種集體獵捕的生活型態，比起建立一個農耕型社區，平均每個人要多花10到100倍的土地。大規模的生還群落有可能危害物種的多樣性，因為飢餓的人通常饑不擇食，任何會動的東西無一倖免。」也許就會吃起人來。林納斯又說：「入侵者，對不乖乖交出食物的屋主，通常不會讓他們好過的，歷史告訴我們，如果屋主被發現暗地囤積物資，屋主及全家都可能被嚴刑拷打並處決。現代較相近案例的有索馬利亞、蘇丹及蒲隆地經驗，因土地與糧食匱乏產生的衝突，是導致部落戰爭綿延不斷及國家崩盤的根本原因。
升溫6℃	地球上的生物會在末世狂風、山洪暴發、硫化氫毒氣及帶著原子彈般威力的甲烷火球流竄地表時，完全滅跡；唯一存活下來的只有黴菌。「首先，會由一個小騷動開始，驅使水中的飽和氣團上升。它一邊上升，一邊開始冒出氣泡，如同減壓的瓦斯溶在水裡發出嘶嘶聲--就像快速開啓瓶蓋時，導致檸檬汁滿溢流出的情形一樣。這些氣泡使這包氣團仍然具有相當的浮力，而且加速其上升幅度，當它向上湧出、到達引爆點時，也會帶動周圍的水往上衝。在水平面上，當氣團爆破竄入大氣中時，水流也會被推上數百公尺的空中，衝擊波往四面八方傳遞，並引發更多附近的爆發活動。」 這種爆發活動不單僅是全球暖化快速反應階段的正回饋效應，因為甲烷和二氧化碳不同，它是可燃物質。林納斯說：「即便大氣中的甲烷濃度低達5%，這種混合物一旦遇到閃電或火花，就會著火爆炸，火球四射在

升溫6℃

天空亂竄。這種效果比較像當年美國與蘇俄軍隊所使用的震盪炸彈（fuel-air explosives）—即所謂的『真空彈』，只消在標靶上點燃一小滴燃油。根據美國中央情報局的描述：「位於標靶中心的遍甲不留，位在邊緣地帶的受到嚴重內傷，例如中耳鼓膜破裂、嚴重腦震盪、肺臟及其他內臟破裂、也許還會盲目。」然而這種殺傷力甚強的武器，拿來和由海洋爆發的甲烷氣團比較時，簡直就像放爆竹一樣。據科學家估計，這種爆發活動「幾乎可以摧毀所有的陸生動物」。曾經有人估計，未來可能發生的大規模爆發活動，將釋出相當於一億八百萬噸的黃色炸藥（TNT）——比全世界所有的核子武器加起來，還超過十萬倍以上。即便像林納斯這樣有科學素養的人，也免不了會想下個好萊塢式的結尾。

「這種終極情節不會太難揣摩，海洋裡甲烷爆發活動若發生在人口密集區，有數以十億的人口將會被一掃而空。試想一顆震盪炸彈火速竄向大城市—假設是倫敦或東京好了——轟炸所形成的衝擊波擴散的速度及威力，將有如原子彈爆炸一般。

「建築物被夷為平地，人民就地被燒成灰燼，倖存者因爆炸威力導致盲目或耳聾。大家可以由廣島和卡崔娜颶風橫掃過的新紐奧良事件中，想到些歷經大災難後的情景：劫後餘生者為爭奪糧食而開戰，在廢墟裡漫無目地四處遊蕩。

（資料來源：The Sunday Times, www.timesonline.co.uk）

66 智慧電網能解決地球暖化問題嗎？

智慧電網能解決地球暖化問題嗎？答案是不行的，但它絕對有巨大的幫助。這樣的重任在你我的肩上，已經到了現在不做，以後就會後悔的地步。在專家學者眼中，溫室氣體排放已經超過地球所能夠承受的範圍，如果在5～7年之間無法得到有效控制，地球海平面將上升1～2公尺。屆時，地表上許多靠海的城市將會從地圖上消失，地表也會面臨沙漠化危機，人類可以居住地方將更為有限。此外，地球上三分之一的物種將面臨滅絕，人類也將不能倖免。

電，是人類離不開的便利能源，而智慧電網是一條必經之路。全球暖化，部份原因來自於電力系統所排放的溫室氣體，這是人類必須克服的第一道難題。而智慧電網所能達到的目標不僅止於減少排放溫室氣體，進一步，是為人類持續使用電力的未來鋪路。不管是先進或是落後國家，隨著對電力需求的增加，一個充足健康的電力系統是維持一國進步與文明的必要工具。要在建置高效的電力系統之外同時兼顧環境保護與減碳的目的，這是智慧電網的精華及終極目標所在。

全球暖化，矛頭指向溫室氣體，這是一個全球性的議題，其肇因也不全是電網系統的排放所造成，其它的原因還有很多，甚至太陽的能量變化都可能是其中一個原因。人類不能離開賴以為生的地球，只能好好的保護它。智慧電網的推展，能讓人們重視自己所存在的環境以及生活方式。人人都能夠瞭解且為節能減碳做環保盡一己之力，全球暖化問題方能得到緩解。除此之外，更多新式的科技導入以及暖化因素的研究推展更是一個遠大的目標。一群科學家默默的在南極大陸、北冰洋或深海海溝裡找答案時，需要我們更大的支持與關注。

- 智慧電網無法解決暖化問題，但有相當助益。
- 建立高效電力系統並兼顧環保減碳是終極目標。
- 推展智慧電網能使人們重視環境。

全球暖化問題嚴重

除了全球暖化外，全球黯化（Global Dimming）目前也相當嚴重，科學家在比對1950年代與1990年代的氣象資料後發現，這40年間，全球各地的太陽光入射量，以每十年減少3%的速度在消失，令人震驚的是，黯化也是來自人類的汙染所造成的。

全球暖化的真相

全球暖化（Global Warming） 指的是在一段時間中，地球的大氣和海洋因溫室效應而造成溫度上升的氣候變化現象，而其所造成的效應稱之為全球暖化效應。

在20世紀時，全球平均接近地面的大氣層溫度上升了攝氏0.74度。普遍來說，科學界發現過去50年可觀察的氣候改變速度是過去100年的雙倍，因此推論該時期的氣候改變是由人類活動所推動。

二氧化碳和其他溫室氣體的含量不斷增加。正是全球暖化的人為因素中主要部分。據資料顯示，大氣中一氧化二氮（N_2O)的含量比18世紀中葉（西元1750年）工業革命開始從275 ppbv增加到310 ppbv，二氧化碳（CO_2）的含量從280 ppmv增加到360 ppmv，甲烷（CH_4）從700 ppbv增加到1720 ppbv，這些增長趨勢主要源於人類的活動。燃燒化石燃料、清理林木和耕作等等都增強了溫室效應。自從1950年，太陽輻射的變化與火山活動所產生的變暖效果比人類所排放的溫室氣體還要低。這些結論已經得到30多個來自八大工業國家的研究團體所確認。

其實二氧化碳濃度的變化與氣溫上升，實際上並沒有直接的關係，但從工業革命開始，二氧化碳的含量急劇增加，雖然植物的光合作用吸收了很大一部分二氧化碳，海洋也溶解部分二氧化碳成為碳酸鈣，但空氣中二氧化碳的含量還是逐步增加。

全球性的溫度增量帶來包括海平面上升、降雨量及降雪量在數額和樣式上的變化。這些變動也許促使極端天氣事件更強更頻繁，譬如：洪水、旱災、熱浪、颶風和龍捲風。除此之外，還有造成其它問題，包括更低的農產量、冰河撤退、夏天時河流流量減少、物種消失及疾病肆虐。無論氣候變化的成因或結果為何，都是許多人是非常關心的，也引起了全球廣泛的政治爭論、公開辯論及各種學術研究。這些政策討論重點大多都是應該減少還是扭轉未來的暖化及怎麼應付預計的後果。

第七章

結　語

畫　說　智　慧　電　網

67 智慧電網的未來

從產業的角度而言，智慧電網牽動著無數的供給價值鏈，從橫向的機械、電子、電機、電力工程資訊科技等到縱向的軟體應用、客戶服務加值、自動化控制、人機介面、系統整合、設備管理、遠端監控等都占有相當舉足輕重的地位。且電力建設為百年工業，任何類型的製造業、商業活動、政府機關、軍事國防、人民的日常生活等都離不開電力產業，最重要的基礎工業已歷經了百年歷史，且為各產業效法的對象。電力產業更是一個國力的象徵以及工業的核心骨幹。智慧電網有劃時代的意義，代表著人類將從既有的生活再次的經歷轉變。如同美國總統歐巴馬的競選文宣「Change」，智慧電網勢在必行，為了子孫後代我們必須改變，為進入下一個世紀提前做準備，也為下一個世紀的經濟發展鋪好康莊大道，其重要性不言而喻。使用高效率能源、再生能源以及節約能源等全新政策都是解決全球暖化的方法。

我們可以立即採取的行動包括使用排放量低或電動的汽車、節省並提高電器效率、回歸自然、減少用電等。此外，全新乾淨能源技術的研發與導入，例如風力發電、太陽能發電、洋流潮汐、另類燃料、新能源開發等，都將能協助改善全球暖化的現象。

但在這些科技背後，最重要的還是人們自己的想法、意識跟觀念。習慣的改變不是一蹴可成，而是從上到下一起推展、由政府到民間、從小朋友到社會各階層。沒了我們賴以為生的地球，再多的錢財與口水戰都是沒有幫助的。在您閱讀此書的同時，是否也注意一下身邊的週遭環境，是否有多餘的燈光或是電器正開著。或許，窗外的涼風正等待著你，何不關掉冷氣，到外頭去透透氣？地球會因你的小小改變而大大的不同。

前進

- 智慧電網牽動無數的供給價值鏈。
- 電力產業是國力之象徵及工業的核心。
- 節約能源，並使用高效率及再生能源是解決全球暖化的方法。

智慧電網，是一個遠景、一個目標、一條必經之路，更是你我需要關心的一件大事，這不是學者專家需要關注而已，而是全國百姓，甚至全人類必需關注的大事，惟有人類清楚知道自己所在的處境以及知識，才能避免掉一場毀滅性的大禍，人類生生不息的關鍵就在你我手中，讓我們為了未來一起努力！

68 台灣智慧電網發展願景

經建會分別於96年7月30日及10月2日召開2次研商「新世代智慧型分散式電力系統」會議，並決議由「經濟部能源局」與「台灣電力公司」於97年1月30日，共同主辦「智慧型電網國際研討會」，凝聚建構智慧型電網以及整合分散型電源共識，規劃國家級智慧型電網的藍圖。依據國際能源環境趨勢與我國的永續能源策略，結合能源、ICT、網路科技，整合智慧電網、通訊、安全、交通等網路，係我國創建低碳經濟新格局策略之一。行政院於97年所頒布「永續能源政策綱領」，以加強能源供應面的「淨源」與能源需求面的「節流」主策略，邁向節能減碳的社會，並設定提高能源效率、發展潔淨能源、確保能源供應穩定等多項目標。

在提高能源效率方面，設定未來8年每年提高能源效率2%以上，使能源密集度於2015年較2005年下降20%以上；並藉由技術突破及配套措施，2025年下降50%以上。在發展潔淨能源方面將發電系統中低碳能源占比由40%增加至2025年的55%以上，其中包含在確保能源供應穩定方面將建立滿足未來4年經濟成長6%及2015年每人年均所得達3萬美元經濟發展目標的能源安全供應系統。

可預見隨著台灣社會化與工業化的持續發展，將使總能源需求、電力占最終能源需求比例、電力負載曲線中擾動逐年增加，加上溫室氣體排放與電力自由化等因素，我國現有電力系統面臨嚴峻的挑戰。因此，必須藉由電力電子與資通訊技術的加值，並在如何提升電力使用效能、提升電網再生能源容忍度、提供高品質電力等議題上著手，讓台灣得以建立永續電力供應系統。同時，帶動電力產業發展，讓台灣經濟及國際實力得以擴大並推展。

資料來源：台灣智慧電網產業協會網站（http：//www.smart-grid.org.tw/）

- 經濟部能源局與台灣電力公司曾主辦智慧型電網國際研討會。
- 行政院於97年頒布永續能源政策綱領。
- 提升電力效能亦能帶動電力產業發展。

提升電力效能，創建低碳經濟新格局

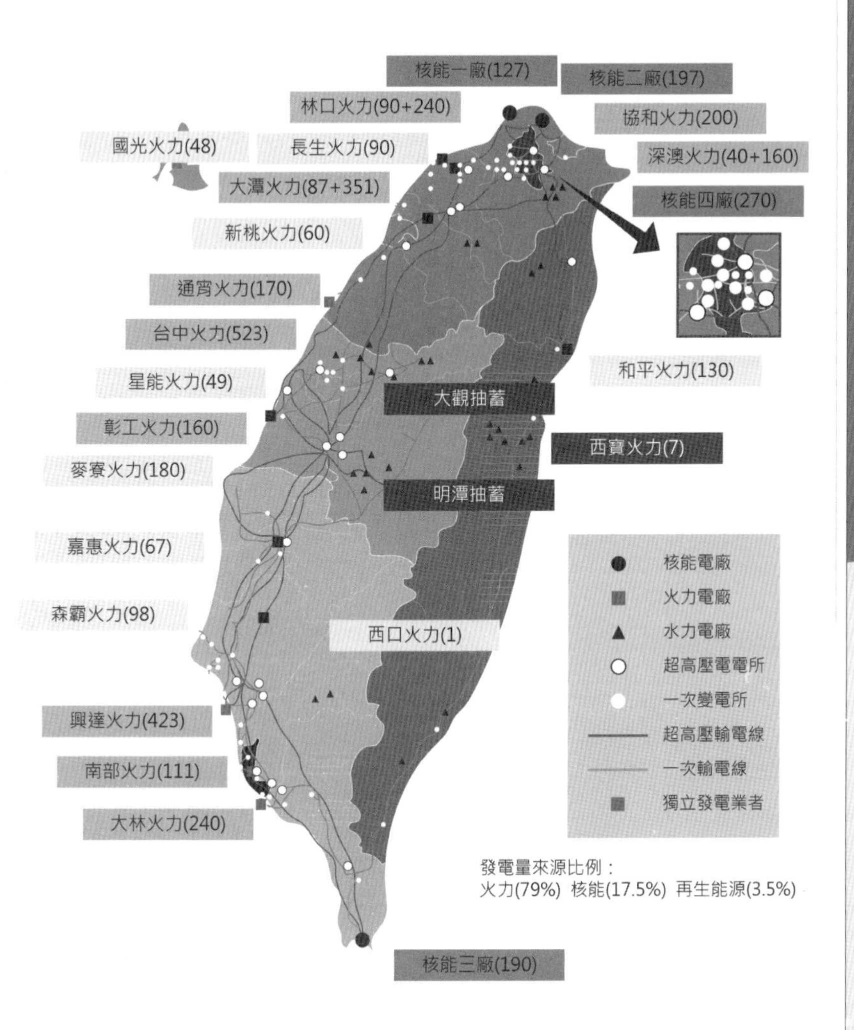

我國電力系統示意圖

資料來源：台灣智慧電網產業協會網站
http：//www.smart-grid.org.tw/

台灣智慧電網發展現況

目前台灣投入智慧電網與先進讀表的單位，包括台電公司、核研所、經濟部技術處（資策會）以及工研院，至2010年總經費共為新台幣3.74億元。核研所主要投入微電網方面技術研究與建置，資策會則是投入先進讀表相關之應用計畫，工研院主要是投入智慧電網、能源管理與分散式電力系統併網與控制技術的開發。

台電公司在2006年便開始展開智慧電網與讀表相關研究計畫工作，至2010年投入之總經費共新台幣2,600萬元。研究項目包含：分散型電源併入配電系統之保護協調與電壓控制研究、監控系統（設備）通訊協定驗證實驗室之建立、電力線通訊技術於配電饋線自動化之應用、發電機組模型參數定期量測與確認、整合分散型電源建構優質配電網、建置先進讀表基礎建設（AMI）可行性效益分析研究、應用IED於設備狀態監測及IEC61850通訊協定評估研究、微電網試驗場之研製。

為推動台灣智慧電網發展，達成電力基礎建設升級目標，經濟部於2012年11月正式宣佈，將推動長達20年的「智慧電網總體規劃方案」，預計投入約新台幣1,400億元的經費，預計在2015年建立住宅用戶時間電價制度，2030年完成全台半數、600萬（低壓）用戶裝置智慧電表，將從用電大戶、都會區以及偏遠地區難以維修的用戶優先推動，安裝電表費用由台電負擔，用戶不需出任何錢。

在推動智慧電網的同時，也要「確保穩定供電」，在2030年達成每戶每年平均停電時間降低5.5分鐘，以及減少全國超過10億度線路損失等，未來希望能引導創造智慧電網相關產業產值達7,000億元。

第八章

附　錄

畫　說　智　慧　電　網

69 全球智慧電網發展計畫

世界各國為了環保與節能全力投入智慧電網，其中以美國總統歐巴馬所提出能源變革，最可能為獲取短期戰略成果的主力領域。一時間，發展統一的智慧電網成為全球能源界關注的焦點。而「智慧電網」這全新的詞彙也如同當年的「網際網路」一樣迅速風靡全球。美國政府的智慧電網有三個目的，一是由於美國電網設備比較落後，急需進行更新改造，提高電網運營的可靠性；二是通過智慧電網建設將美國拉出金融危機的泥沼；三是提高能源利用效率。

以中國大陸來說，在推動電動汽車規模化應用方面，建設跨城際的智慧充換電服務網路，並推升電動汽車應用規模為主要目標。在新能源發電方面，國家電網表示，今年智慧電網將建置風電容量2000萬千瓦左右，經營區域內風電容量達到5000萬千瓦。到2015年，中國要建構堅強智慧電網，讓國家電網智慧化程度達到國際先進水準。在智慧電網關鍵技術方面，國家電網制定了15項智慧變電站標準，形成了世界第一個智慧變電站系列技術標準。另外，智慧用電也是堅強智慧電網的重要環節。節能減排方面，中國希望在堅強智慧電網建成後，可實現二氧化碳減排量約16.5億噸。

智慧電網跟各國的經濟面緊密相連。在全球一片不景氣聲中，各國政府紛紛宣布要投入智慧電網的開發，投資龐大的金額，期望帶來的經濟發展及增加就業機會。根據Morgan Stanley預估，2010年全球智慧電網市場規模將達200億元，其中智慧電表裝置數量更高達1億具，預測至2030年將可成長至1000億美元以上。主要國家無不擬定其智慧電網發展計畫，其項目相當的繁複且多樣化，相關國家政策內容如下頁所示：

- 美國政府積極推動智慧電網發展計畫。
- 中國政府制定世界第一個智慧發電站系列技術標準。
- 預計2030年全球智慧電網市場規模可達千億美元以上。

	全球智慧電網發展重點
歐盟	智慧電網的研究及應用重點放在配電和用電領域，智慧電網研發重點有三個，即可再生能源和分佈式電源併網技術，電動汽車與電網協調運行技術，以及電網與用戶的雙向互動技術。
中國	中國國家電網公司正在全面建設堅強的智慧電網，即以特高壓電網為骨幹網架、各級電網協調發展的堅強電網，並實現電網的資訊化、數字化、自動化、互動化，在供電安全、可靠和優質的基礎上，進一步實現清潔、高效、互動的目標。
韓國	韓國政府計畫將開發電力IT技術、建構濟州島試驗（Test Bed））園區等以個別事業計畫推動之智慧電網專案，具體綜合成國家計畫，分成智能型電力網、消費者、運輸、新再生能源與服務等大部分，研擬階段別之技術開發與事業模式。
日本	日本智慧電網發展重點，在設法將像太陽能這種發電等不定時、不定量的能源，充分應用在電力上。透過與資通技術的結合，建立電力的監測管理系統，透過標準化的通訊協定，可同時管理多種發電設備、負載與電網、降低系統成本，確保系統經濟性。
美國	美國的智慧電網定義有七大特性：自癒、互動、安全、提供適應世紀需求的電能品質、適應所有的電源種類和電能儲存方式、適應所有的電源種類和電能儲存方式、可市場化交易、優化電網資產提高運營效率。智慧電網的規劃注重區域協調、電力市場、電力網路基礎架構的升級更新、分佈式電源接入，用戶環節雙向互動、同時最大限度利用資訊技術，實現系統智慧對人工的替代。

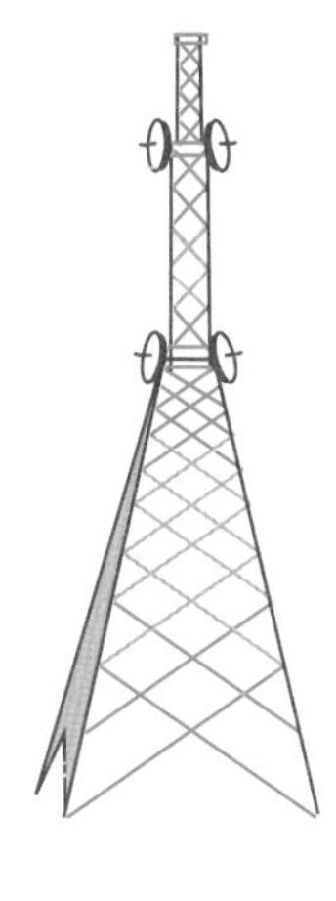

70 台灣智慧電網的發展沿革

智慧電網在全球蓬勃發展，台灣當然也不落人後。有鑒於世界各國的投入與發展。台灣在產、官、學界等也不遺餘力推廣智慧電網。台灣的電網密度之高以及優良的電力供應品質，比較起世界各國已是有目共睹的佼佼者，這或許要歸功於台灣所處的環境以及產業民生的發展，在地震颱風的洗禮之下，年度斷電時間還可以保持在數十分鐘之內，實為難得。比較起世界第一強權美國，一年要斷電數百小時，那可真是天壤之別啊！

台電（Tai-Power）是國內最重要且唯一的電力系統供應者，在多年來的努力下，台電的經營績效相當不錯，讓許多國家都紛紛來台取經。由台電所主導的智慧電網規劃以及時程表，將從第一步的AMI智慧電表開始做起，未來也將逐步的更新現有系統並達到節能減碳的目的。

台電在亞太區參與由各國政府單位及大型電網設備商所成立的「亞太電協」，此外，台灣產官學界也一同成立了「智慧電網協會」。在國家規劃的能源政策綱領之下希望能達到以下三項目標：一、提高能源效率：未來8年每年提高能源效率2%以上，使能源密集度於2015年較2005年下降20%以上；並藉由技術突破及配套措施，2025年下降50%以上。二、發展潔淨能源：a.全國二氧化碳排放減量，於2016年至2020年間回到2008年排放量，於2025年回到2000年排放量。b.發電系統中低碳能源占比由40%增加至2025年的55%以上。三、確保能源供應穩定： 建立滿足未來4年經濟成長6%及2015年每人年均所得達3萬美元經濟發展目標的能源安全供應系統。其政策綱領用以發展永續電力供應系統達到提升電力使用效能、提升電網再生能源穿透度、提供高品質電力、發展電力設備產業。

資料來源：台灣智慧電網產業協會網站（http：//www.smart-grid.org.tw/）

- 台灣的電網高密度和供電品質皆十分優良。
- 台電首先從「AMI智慧電表」開始落實。
- 台電除參與「亞太電協」外，產官學界亦共同成立「智慧電網協會」。

台灣智慧電網協會相關活動照片

委員大會

秘書組	理事會	監事會
秘書長 左峻德 先生	理事長 紀國鐘 先生	常務理事 張永瑞 先生
	副理事長 林法正 先生	
	副理事長 陳士麟 先生	

智慧型電表組	智慧輸配電組	智慧家庭組	微電網組
大同公司(主任委員)	亞力電機(主任委員)	大同公司(主任委員)	中興電工(主任委員)
台達電(共同主任委員)	四零四科技(共同主任委員)	中華電信(共同主任委員)	核研所(共同主任委員)
			中科院(共同主任委員)

標準與規範組	能源產業組	資通訊組
資策會(共同主任委員)	台經院(主任委員)	工研院(主任委員)
		中華電信(共同主任委員)
		四零四科技(共同主任委員)

台灣智慧電網協會組織架構

71 台灣智慧電網的發展計畫

有了理想的願景，當然要有縝密的計畫來協助推動。電力系統從發電、輸電、配電以及用電，在各環節均有獨特的技術及難度。台灣在各界專家學者的推動下也提出了一套完整的智慧電網發展計畫。

以應用面來看，目前正在進行中的有：微電網示範計畫（Micro-Grid）、AMI示範計畫、先進配電自動化示範計畫（ADAS）、智慧家庭（建築）電能管理示範計畫（Smart Home）等。除此之外，亦結合國內網通及工業自動化廠商，發展所需之智慧型電網關鍵技術，確保所發展智慧型電網系統設備導入台灣電力網路系統之可靠度與產業化之可行性等等。以技術層面來看，則配合目前四大應用的需求，發展相對應的技術，尤其著重電力品質的提升、輸電控制、配電自動化、微電網控制、AMI與資通訊技術、電能管理與需量反應技術、電力電子、規範與標準等。

國內能源專家學者提出的「主軸計畫」，規劃出台灣智慧電網的架構與發展方向，其願景為發展台灣電力設備產業，協助建立高品質、高效率、以用戶為導向和環境友善的電力網路系統。在策略上配合台電智慧電網建構期程，整合國內產、官、學，發展智慧電網技術能量，協助建構台灣智慧型電網，並扶植台灣電力設備產業。

此外，「智慧電網協會」的成立，將國內許多廠商以及學界的資源加以整合，並定期召開會議，大大提升國內在智慧電網發展的影響力及力度。此外，國際交流與合作亦是重要的一環，智慧電網協會與中國大陸，英國，東亞各國舉行相關的研討會議，讓各國的研究與新技術能夠交流與推展。台灣勢必能在世界智慧電網發展史上寫下新的一頁。

- 應用面而言，台灣正進行微電網示範計畫。
- 技術面則配合目前應用需求，發展相對應技術。
- 智慧電網協會將國內資源整合，與國外交流合作。

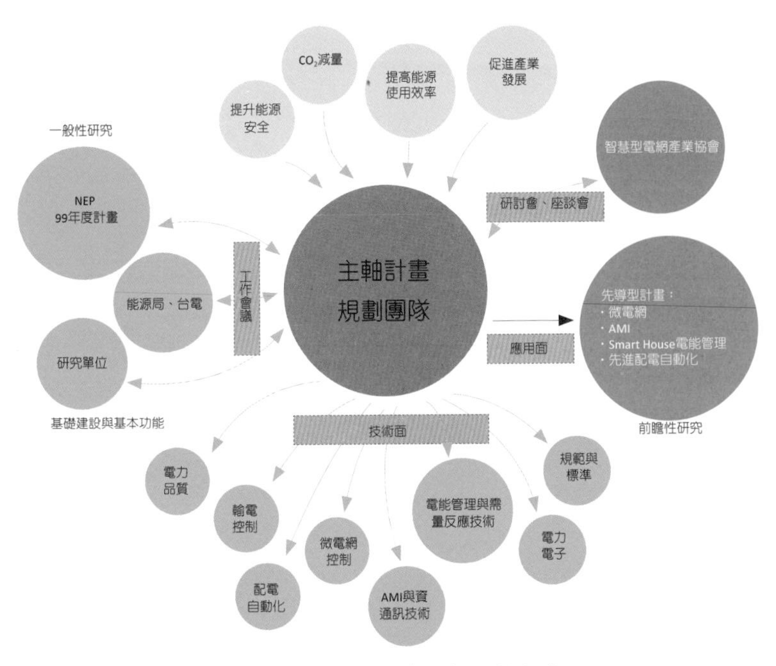

智慧電網與先進讀表主軸規劃方式

資料來源：台灣智慧電網產業協會網站（http：//www.smart-grid.org.tw/）

72 台灣智慧電網主軸計畫技術願景

在智慧電網的發展中，項目多元且涉及的層面之廣泛，都是從前無法想像的，唯有按部就班，一步一步來改善，智慧電網方能全面實現。在主軸計畫當中，也有中短及長期的規劃及願景。

首先，是在台灣微電網與先進讀表基礎建設之標準制定。台灣目前在智慧型電表系統（AMI）與微電網（Micro-Grid）之標準與規範上並未訂定相關之產業標準，廠商及民眾對於這樣的新科技也不具備相關的知識。相關產學界必須配合政府的政策及相關單位來加以制定，讓大家有規範可以遵循。待標準制定後，便可利於推動相關產業發展。

再來則是關於微電網展示區（太陽光電、生質能、風力發電）的建置。微電網展示區包含各技術發展項目，強調個別展示區之不同技術需求與應用效益。此外，展示區與台電系統連結之介面點應考慮負載潮流與短路電流等技術問題。若展示區允許孤島運轉（Islanding Operation），台電必須修改再生能源並聯的技術要點，讓民眾及廠商能配合其規範來運作。

另外是先進讀表基礎建設（AMI）的推展。AMI先進讀表目前為分三階段進行中。第一階段為2萬3千戶高壓用戶之AMI，99年方能完成佈建，100年方能進行運轉。第二階段為1萬戶低壓用戶AMI展示場，第三階段為100萬戶低壓用戶AMI之裝置但尚處於評估階段

最後，在電業法、電業自由化的相關法令必須加以修訂。配合智慧型電網相關技術推動，電業法中電業自由化相關法令不必修改，只要修改相關法規即可，如電價表（時間電價與需量反應之訂定）、負載管理措施、營業規則等等。有了這些規劃之後，技術得以驗證及實行，對未來整體智慧電網的建置將大有助益。

資料來源：台灣智慧電網產業協會網站（http：//www.smart-grid.org.tw/）

- 制訂微電網和先進讀表技術標準為首要任務。
- 次要目標則是微電網展示區之建置。
- 電業法及電業自由化相關法規須修訂。

傳統人力數表，效率不佳且缺乏即時性

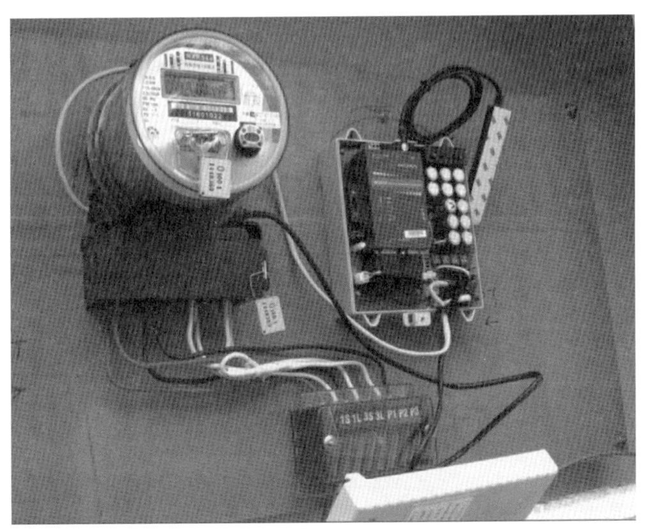

高壓智慧電錶與資料傳送器

73 台灣智慧電網主軸計畫執行目標

智慧電網與讀表主軸專案計畫的目的在於有效整合國內智慧電網與讀表相關研發資源，針對上述電力系統與產業面臨挑戰，擬定整體發展策略與進行方式，提出具體有效的行動方案，達成「提升能源安全、改善溫氣排放、開創能源產業」願景，並發展台灣電力設備產業，協助建立高品質、高效率、以用戶為導向和環境友善的電力網路系統，初步設定規劃為：一、利用配電自動化與微電網技術提升再生能源裝置容量佔總電力裝置容量之比例，使2025年國內再生能源發電量佔總電力供應提升至10%，減少二氧化碳排放2,000萬噸。二、推廣家庭與建築電能管理，提升家電能使用效率於2015年較2005年節能20%以上。三、開發智慧電網與讀表之關鍵技術，2010年至2025年共導入17.8GW的分散式發電系統，將創造國內每年1,200億新台幣市場規模及2萬個以上就業機會；智慧型電網市場規模約每年新台幣600億元，每年創造1萬個以上就業機會。

在推動方面，初步設定規劃於2010至2013年間主要工作為完成微電網、AMI、先進配電自動化、智慧家庭（建築）電能管理四個先導型計畫之關鍵技術開發，以及智慧電網與讀表相關規範之制定、舉辦先導型計畫成果展示會等。2014至2025年將延續第一期之工作成果完成關鍵技術之技轉與商品化，配合AMI之裝設，完成電能管理制度之導入（如時間電價與需量反應），配合台電輸配電計畫，逐步將微電網與先進配電自動化先導型計畫之成果推廣於台電既有系統上，並全面推廣智慧家庭（建築）電能管理技術等。在這些主要工作逐步推展下，智慧電網產業將能夠落實技術提升及商品化，對未來全面導入將起關鍵作用。

資料來源：台灣智慧電網產業協會網站（http：//www.smart-grid.org.tw/）

- 提升能源安全、改善溫氣排放及開創能源產業為其願景。
- 發展台灣電力設備產業，以用戶為導向並友善環境。
- 智慧電網產業技術提升，對未來導入起關鍵作用。

AMI大同智慧電網實例

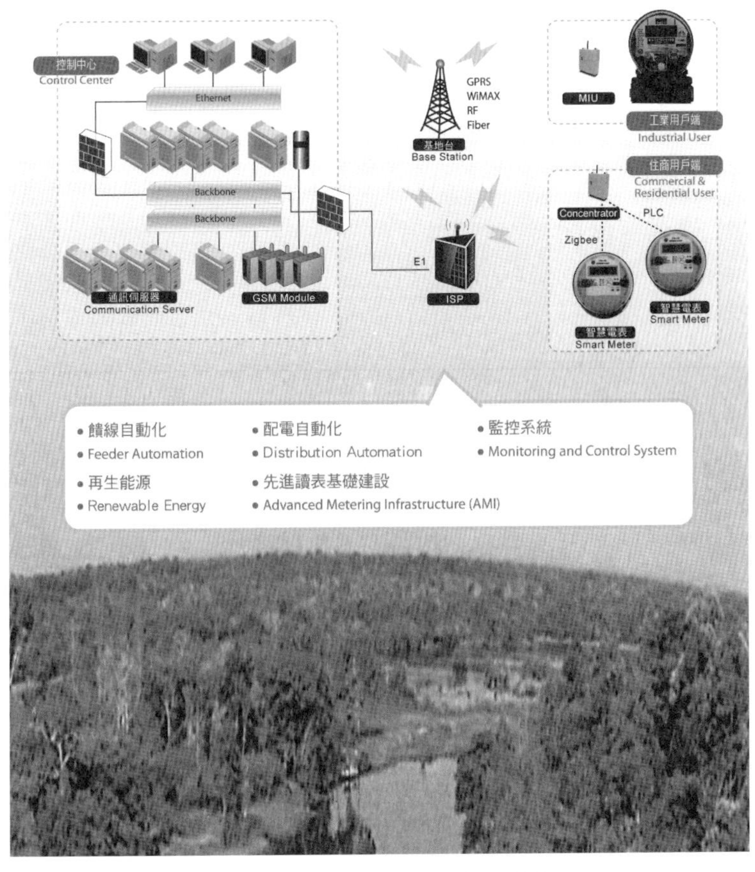

由大同公司所研發之先進讀表基礎建設

74 台灣智慧電網技術面與應用面規劃研究重點

主軸計畫之規劃如下：電力品質、輸電控制、配電自動化、微電網控制、AMI與資通訊技術、電能管理與需量反應技術、電力電子、與規範與標準。

電力品質方面研究重點

具電力品質分析功能之智慧電表系統、廣域之電力品質量測技術、可辨識並矯正造成電力品質問題之事故的電網監測機制實、整合電力品質監測資料與資料庫設計、即時電力品質信號分析方法之整合、電力品質干擾來源之追蹤／辨識演算法開發、電力品質監測裝置於電網之佈設規劃、不良電力品質對供電系統元件影響分析、電力品質改善策略、分散式電源對電力品質影響之研究。

輸電方面研究重點

廣域量測系統之建置與應用、防衛系統或特殊保護系統、彈性交流輸電系統、「智慧電網之模擬平台、快速模擬、塑模與雲端計算技術」、智慧型網路代理人與網域實體系統（Cyber-Physical Systems）於智慧電網之應用、智慧電網資產最佳配置、發展機率風險資產管理的方法、智慧電網中之智慧感測器與遙測監控系統應用。

配電自動化方面研究重點

配電自動化應用功能開發、配電自動化通訊系統、配電系統自動圖資之整合、配電自動化與再生能源發電之整合、配電自動化與用戶自動化之整合、DAS系統於分歧線小環路自動化之延伸功能、先進配電控制系統之研究。

微電網控制方面研究重點

隨插即用（plug-and-play）的保護協調設計、微型電網的架構與電源負載之匹配、系統故障之偵測、清除隔離與自癒（self-healing）技術、智慧型孤島偵測與運轉之策略、智慧型電驛設計、微型電網硬體迴圈模擬技術、微型電網智慧型中央即時監控技術及人機介面設計、微型電網多代理人控制技術。

AMI與資通訊技術方面研究重點

智慧型電表與電網管理中心通訊及網路容錯不中斷與異地同步備援技術、智慧型電表與電力用戶間之通訊網路與應用規劃、電力用戶智慧型設備節能控制協定研究、適合智慧型電表使用之電表與電力線通訊IC之開發、「寬頻廣域網路含光纖網路、中壓電力線通訊PLC、GPRS/WCDMA行動通訊，與感測網路傳輸技術，無線ZigBee、低壓電力線通訊PLC……等應用」、「MDM電表資料管理系統、CRM客服系統、帳務系統資料庫設計、探勘與資訊安全KPI加密技術」、「操作人員權限管理與數位憑證核發管理機制規劃」。

電能管理與需量反應技術方面研究重點

優質電力之計畫與費率設計、電力用戶之即時電價價格與需量反應策略分析規劃、「用電端電能需求樣式建模、參數值蒐集與樣式分析」、用電端動態即時需量預測技術研究、電價／分散式發電系統發電量預測技術、電網儲能與釋能控制最佳化決策系統（含電動車充放電策略）、需量反應與直接負載節能控制（輪循控制、時序控制）。

電力電子方面研究重點

快速靜態開關的研究以及智慧型電網的保護、分散式能源（Distributed Energy Resource, DER）電能轉換器的研究、分散式能源（Distributed Energy Resource, DER）電網並聯轉換器的控制技術、電力品質管理技術、儲能系統及轉換器技術的研究、高功率電能轉換器的研究、功率半導體元件技術的研究、高功率電能轉換器的研究、直流微電網系統的研究、彈性交流系統（Flexible AC Transmissions System）的研究、AMI智慧電表遠端遮斷／復歸高可靠靜態開關研究。

規範與標準方面研究重點

國內現有電力與資通訊技術標準應用於智慧型電網的適用性、分散式電源併網與保護技術標準應用於智慧型電網的適用性、資通安全技術與規範應用於智慧型電網的適用性、通訊技術與規範應用於智慧型電網的適用性、感測技術與規範應用於智慧型電網的適用性、監控自動化技術與規範應用於智慧型電網的適用性。

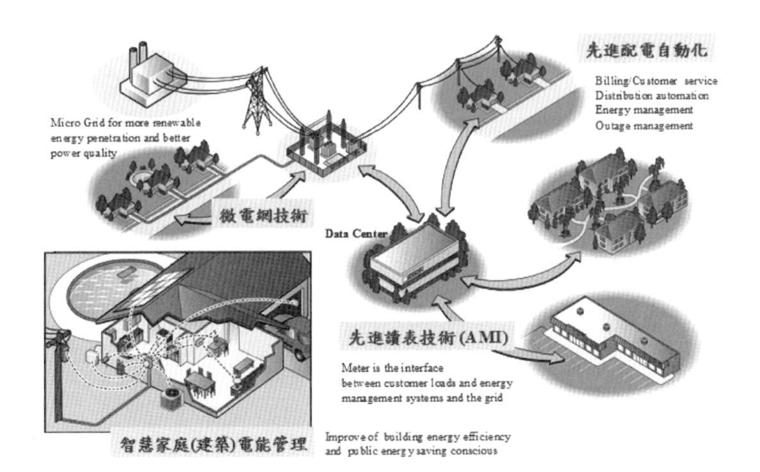

智慧電網與先進讀表主軸專案計畫應用面規劃

資料來源：台灣智慧電網產業協會網站（http：//www.smart-grid.org.tw/）

75 台灣智慧電網的挑戰

隨著台灣經濟的快速發展，使得電力的消費逐年增加，預計至2025年時，電力需求將占總能源消費需求之55.7%。然而，台灣能源的蘊藏量極為缺乏，特別是維持經濟發展所需的能源礦物燃料，幾乎99%仰賴進口。有鑑於此，台灣未來的能源發展應朝確保能源供應之安全性、避免能源供應短缺之情況發生、以及減少對環境的衝擊三個方面來進行，因此追求全新、低汙染之再生能源及替代燃料是當前台灣的首要目標。另一方面，雖然我國並不屬於京都議定書之成員，但根據IEA / OECD二氧化碳排放統計資料，我國國人每年平均溫室氣體的排放量卻名列前20大國家之中，因此有很大的機會被列為第二階段要求排放減量之國家，這會是一個潛在的嚴重議題且可能影響台灣在國際上的競爭力。

此外，我國電力系統屬於大型集中式的系統，其電力來源主要為火力、核能、和部份的水力與再生能源。無論是核能電廠、火力電廠或水力電廠所產生的電力，由於發電廠與用戶端距離遙遠，必須借助輸變電系統提高電壓、透過電力線輸送、最終變壓供用戶使用，造成大量的能量耗損。都會區及工業區的負載集中、電力需求急速成長，但變電所尋址及興建困難，且時常遭遇民眾抗爭。集中式電源的缺點就在於無法就近將電力輸送到需求端，造成地區性供電瓶頸。此外，遠距離輸電與大電網互連使得系統難以快速追蹤負荷變化，故障問題容易透過電網擴散進一步造成電力系統癱瘓，且龐大的電網和過於集中的發電廠極易遭到攻擊而造成國安問題。因此，導入分散式電源及提高電網效率便成為我國的既定政策及發展方向。

- 台灣礦物燃料約99%皆仰賴進口。
- 台灣溫室氣體排放量過高將影響於國際間之競爭力。
- 分散式電源和提高電網效率為我國既定政策及發展方向。

參考文獻

1. 98-107年長期負載預測與電源開發規劃摘要報告，經濟部能源局。
2. Using IEC 61850 for Teleprotection, Miquel SERRA/Fernamdo CASTRO, DIMAT, S.A - Spain
3. 從「Korea smart Grid Week」看韓國智慧電網之發展動向，日經產業研究報告。
4. 2010綠色能源產業年鑑，工業技術研究院。
5. 台灣儲能技術應用及產業，台電經濟研究所左峻德所長，台電綜合研究所 楊金石主任。
6. AMI/AMR自動讀錶系統白皮書，四零四科技，郭策。
7. 智慧電網研商機探尋，工業技術研究院，林素琴。
8. 中國大陸智慧電網推動概況與產業發展，工業技術研究院。
9. 台灣電力公司，AMI系統建置說明，台電縱合研究所，蘇崇仁。
10. 台灣電力股份有限公司再生能源發電系統併聯技術要點。
11. 台灣智慧電網技術研發方向，國立中央大學電機系，林法正教授。
12. Frence, Smart Grid Technology Roadmap, International Energy Agency.
13. 迎接智慧型電表的來臨，台電月刊2010，五月號。
14. Solutions for Digital Substation, NR Electric Co. Ltd.
15. 微電網技術經濟性分析研究，核研所，陳彥宏，陳彥豪，左竣德，胡明哲。
16. Smart Grid - A Reliability Perspective, IEEE Member Khosrow Moslehi, Ranjit Kumar.
17. When Grids Get Smart, ABB Inc.
18. 含風力發電微電網之孤島運轉策略，國立中山大學，朱翊誌，陳朝順教授。
19. 綠色能源——發電與儲能，科學發展，2010年7月，韋光華。
20. 中小型風機技術報告，台灣宏銳電子股份有限公司，林祐生。
21. Smart Grid Overview, ABB, Karl Elfstadius, ABB Taiwan, 2009.
22. Smart Grid, The Role of Electricity Infrastructure in Reducing Greenhouse Gas Emissions, Christian Feisst/Dirk Schlesinger/Wes Frye, Cisco.
23. 台灣智慧電網市場發展趨勢之研究，哈冀連/蔡水安，遠東學報第二十七卷第四期。
24. 智慧電網與讀表主軸專案計畫簡介，國立中央大學電機系，林法正教授。
25. 智慧電網與讀表主軸專案計畫規劃報告，國立中央大學電機系，林法正教授。
26. 台灣智慧電網技術研發方向，國立中央大學電機系，林法正教授。
27. The Smart Grid??, Keith Dodrill, US Dept of Energy, NEETL.
28. Renewable Energy & Smart Grid, Tyler White, U.S. Department of Energy Solar Decathlon.
29. IEC-61850協議的變電站系統規劃設計與建置方式，郭策，Digitimes 2010.Oct.。
30. 發展能源科技，建力低碳經濟，工業技術研究院，曲新生。

31. 我國能源資通訊產業之發展，經濟部能源局，98年5月。
32. 分散式電力系統相關經濟與產業效益分析，陳俊銘，左峻德，台經院。
33. 能源資通產業之發展與推動，何無忌，梁佩芳，97年9月。
34. 智慧的地球，智慧的台灣，錢大群，IBM，2009年4月。
35. 推動智慧電網建置與產業，陳彥豪，台灣經濟研究院。
36. 電網革命無限商機，鐘函諺，統一投顧，2010年6月。
37. 智慧電網發展現況與產業商機，紀國鐘，台灣智慧型電網產業協會。
38. 智慧電網下我國電力負載管理制度之展望，謝智宸，台灣綜合研究院。
39. Smart GARID Development by the U.S. Department of Energy, Dan Ton, Dec.2011.
40. The Emerging Smart Grid, Global Environment Fund。
41. Communication Infrastructure of Smart Grid, Kwang-Cheng Chen, Ping-Cheng Yeh, Hung-Yun Hsieh, Shi-Chung Chang.
42. Smart Home and Smart Grid in Korea, Global Knowledge Research Center, KIST Europe.
43. South Korea, Smart Grid Domestic and International Partnership and Programs, Shannon Fraser, International TRADE administration.
44. Smart Grid in Korea, Hwang, Bong Hwan, Korea Power Exchange.
45. The Impact of Wind Power on European Natural Gas Markets, International Energy Agency, Irene Vos, Jan.2012.
46. 維基百科（http://zh.wikipedia.org/）
47. ITRI工研院電子報，2009/08/20
48. DIGITIMES (http://www.digitimes.com.tw/)

索引

畫說Smart Grid智慧電網／郭策著. 一一初版. 一一臺北市：書泉, 2013.05

面； 公分. 一一（畫說科學系列；5）

ISBN 978-986-121-827-4（平裝）

1.電力系統 2.電網路

448.3 102005457

ILLUSTRATED SCIENCE & TECHNOLOGY ⑤

畫說科學系列⑤
畫說Smart Grid智慧電網

作　　者 — 郭 策
插　　畫 — 彭曉薇
發 行 人 — 楊榮川
總 編 輯 — 王翠華
主　　編 — 穆文娟
責任編輯 — 王者香
封面設計 — 郭佳慈
出 版 者 — 書泉出版社
地　　址：106台北市大安區和平東路二段339號4樓
電　　話：(02)2705-5066　傳　　真：(02)2706-6100
網　　址：http://www.wunan.com.tw
電子郵件：shuchuan@shuchuan.com.tw
劃撥帳號：01303853
戶　　名：書泉出版社
總 經 銷：朝日文化事業有限公司
電　　話：(02)2249-7714
地　　址：新北市中和區橋安街15巷1號7樓
法律顧問　元貞聯合法律事務所　張澤平律師
出版日期　2013年5月初版一刷

定價280元　ISBN 978-986-121-827-4